2·2

1 네 자리 수 1

2 곱셈구구 27

3 길이 재기 55

4 시각과 시간 79

5 표와 그래프 105

6 규칙 찾기 129

Chunjae Makes Chunjae

[수학 단원평가]

기획총괄	박금옥
편집개발	지유경, 정소현, 조선영, 최윤석, 김장미, 유혜지, 남솔, 정하영, 김혜진
디자인총괄	김희정
표지디자인	윤순미, 여화경
내지디자인	이은정, 박주미
제작	황성진, 조규영

발행일	2024년 4월 15일 초판 2024년 4월 15일 1쇄
발행인	(주)천재교육
주소	서울시 금천구 가산로9길 54
신고번호	제2001-000018호
고객센터	1577-0902

※ 정답 분실 시에는 천재교육 교재 홈페이지에서 내려받으세요.

※ KC 마크는 이 제품이 공통안전기준에 적합하였음을 의미합니다.

※ 주의

책 모서리에 다칠 수 있으니 주의하시기 바랍니다.

부주의로 인한 사고의 경우 책임지지 않습니다.

8세 미만의 어린이는 부모님의 관리가 필요합니다.

네 자리 수

개념정리	2
쪽지시험	3
단원평가 1회 난이도 A	7
단원평가 2회 난이도 A	10
단원평가 3회 난이도 B	13
단원평가 4회 난이도 B	16
단원평가 5회 난이도 C	19
단계별로 연습하는 서술형 평가 1	22
풀이 과정을 직접 쓰는 서술형 평가 2	24
밀크티 성취도 평가 오답 베스트 5	26

개념정리 네 자리 수

개념 1 천 알아보기

- 100이 10개이면 1000입니다.
- 1000은 천이라고 읽습니다.

1000은
- 999보다 1만큼 더 큰 수
- 990보다 ❶ [ ] 만큼 더 큰 수
- 900보다 ❷ [ ] 만큼 더 큰 수

개념 2 몇천 알아보기

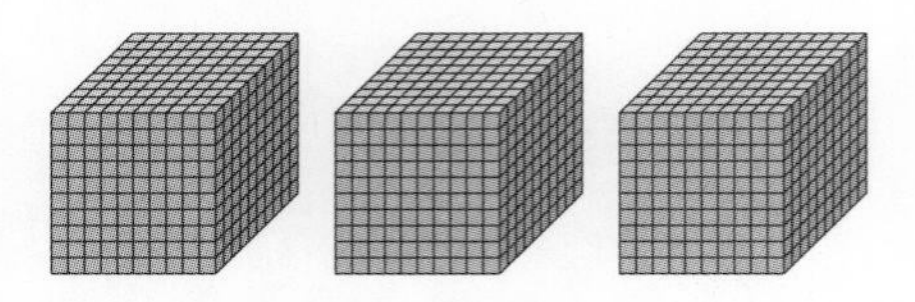

- 1000이 3개이면 3000입니다.
- 3000은 삼천이라고 읽습니다.

개념 3 네 자리 수 알아보기

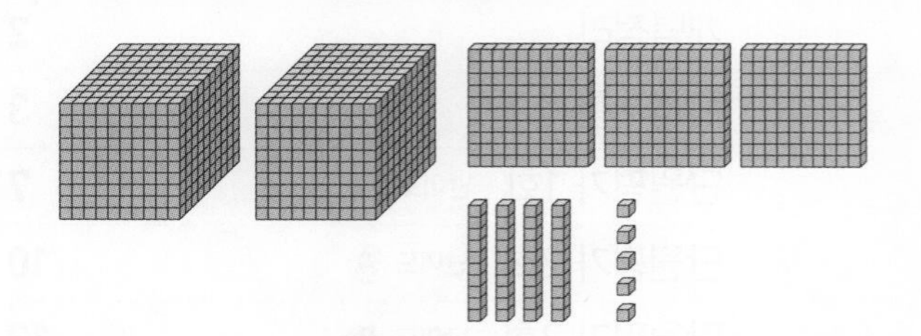

- 1000이 2개, 100이 3개, 10이 4개, 1이 5개이면 2345입니다.
- 2345는 이천삼백사십오라고 읽습니다.

개념 4 각 자리 숫자가 나타내는 수 알아보기

천의 자리	백의 자리	십의 자리	일의 자리
3	1	2	6

⇩

3	0	0	0	3은 천의 자리 숫자, 3000을 나타냄
	1	0	0	1은 백의 자리 숫자, 100을 나타냄
		2	0	2는 십의 자리 숫자, 20을 나타냄
			6	6은 일의 자리 숫자, 6을 나타냄

3126=3000+100+❸ [ ] +6

개념 5 뛰어 세기

- 1000씩 뛰어 세기
  3000 − 4000 − 5000 − 6000
- 100씩 뛰어 세기
  1400 − 1500 − 1600 − ❹ [ ]
- 10씩 뛰어 세기
  2510 − 2520 − 2530 − 2540
- 1씩 뛰어 세기
  2512 − 2513 − ❺ [ ] − 2515

개념 6 수의 크기 비교

① 천의 자리 수 비교
$\underline{5}000<\underline{6}000$

② 백의 자리 수 비교
$5\underline{6}00>5\underline{3}00$

③ 십의 자리 수 비교
$54\underline{7}0>54\underline{6}0$

④ 일의 자리 수 비교
$547\underline{3}<547\underline{9}$

| 정답 | ❶ 10 ❷ 100 ❸ 20 ❹ 1700 ❺ 2514

쪽지시험 1회 네 자리 수

점수

스피드 정답 1쪽 | 정답 및 풀이 15쪽

1 수 모형을 보고 □ 안에 알맞은 수를 써넣으세요.

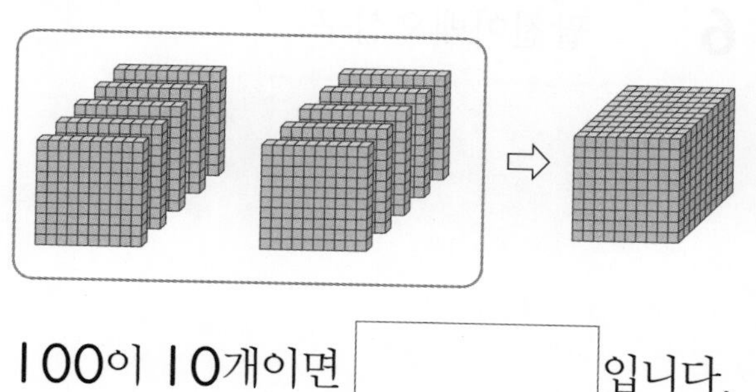

100이 10개이면 □ 입니다.

[2~5] □ 안에 알맞은 수를 써넣으세요.

2 990보다 10만큼 더 큰 수는 □ 입니다.

3 800보다 200만큼 더 큰 수는 □ 입니다.

4 900보다 □ 만큼 더 큰 수는 1000입니다.

5 999보다 □ 만큼 더 큰 수는 1000입니다.

[6~7] 알맞은 수를 쓰고 읽어 보세요.

6

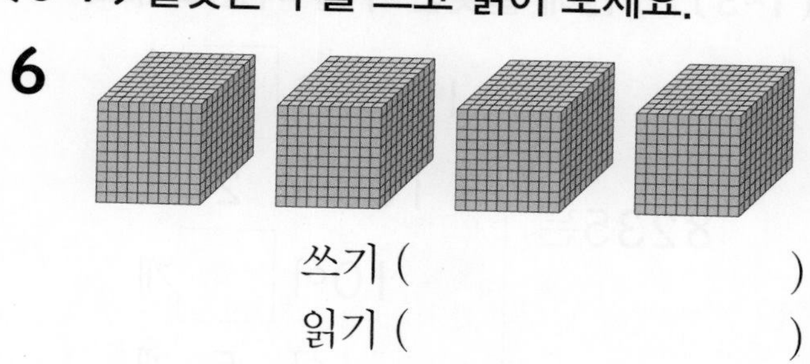

쓰기 (　　　　　　　　)
읽기 (　　　　　　　　)

7

쓰기 (　　　　　　　　)
읽기 (　　　　　　　　)

[8~10] 수로 써 보세요.

8 삼천

(　　　　　　　　)

9 팔천

(　　　　　　　　)

10 구천

(　　　　　　　　)

네 자리 수

점수

스피드 정답 1쪽 | 정답 및 풀이 15쪽

[1~3] □ 안에 알맞은 수를 써넣으세요.

1

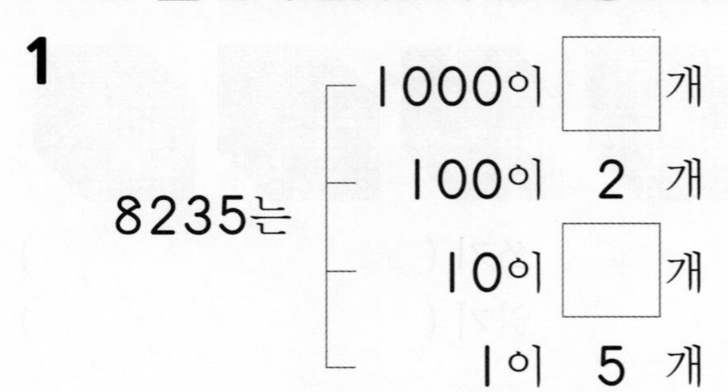

2 1000이 5개, 100이 7개, 10이 4개, 1이 8개 이면 □

3 1000이 5개, 100이 9개, 10이 3개, 1이 6개이면 □ 입니다.

[4~5] 수를 읽어 보세요.

4 4375

( )

5 9984

( )

[6~7] 수로 써 보세요.

6 팔천이백오십구

( )

7 삼천칠백오

( )

[8~9] □ 안에 알맞은 수를 써넣으세요.

8 2809에서 백의 자리 숫자는 □(이)고 □을/를 나타냅니다.

9 5473에서 천의 자리 숫자는 □(이)고 □을/를 나타냅니다.

10 숫자 3이 30을 나타내는 수를 찾아 ○표 하세요.

3047 2359 4736

네 자리 수

점수

스피드 정답 1쪽 | 정답 및 풀이 15쪽

[1~3] 1000씩 뛰어 세어 보세요.

1

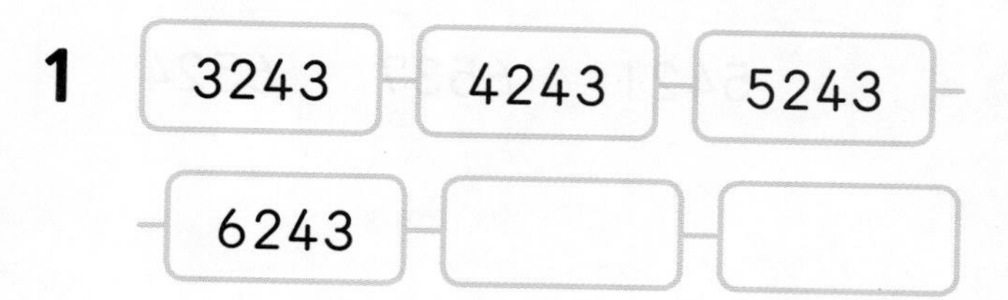

2

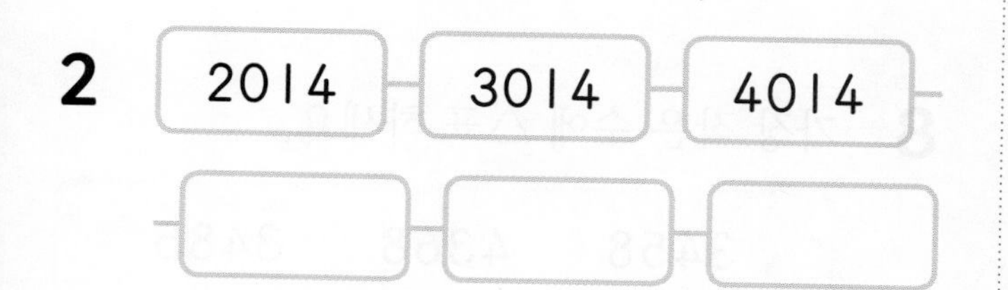

3

[4~5] 100씩 뛰어 세어 보세요.

4

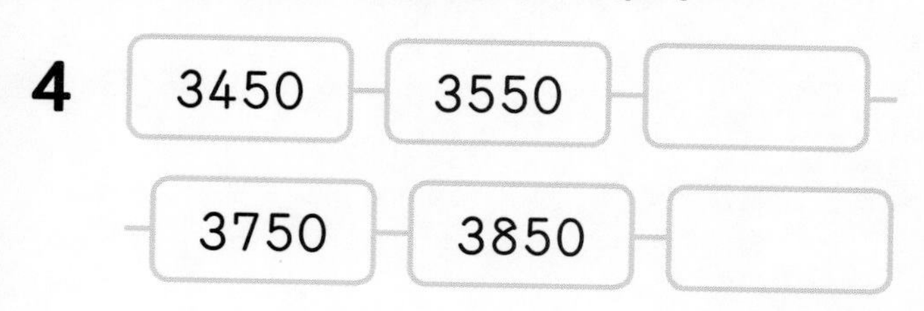

5

[6~7] 10씩 뛰어 세어 보세요.

6

7

[8~9] 1씩 뛰어 세어 보세요.

8

9

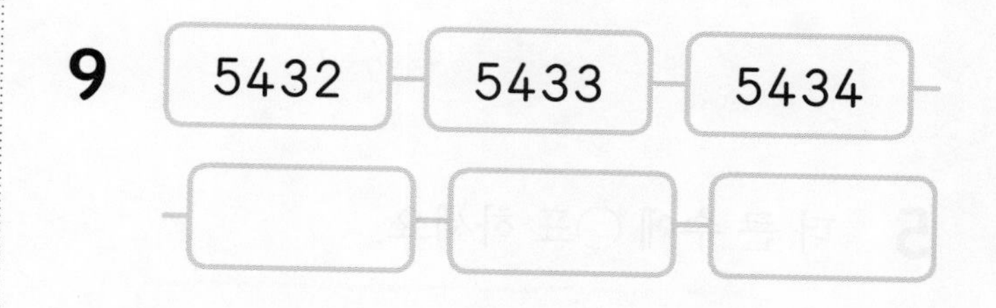

10 몇씩 뛰어 센 것일까요?

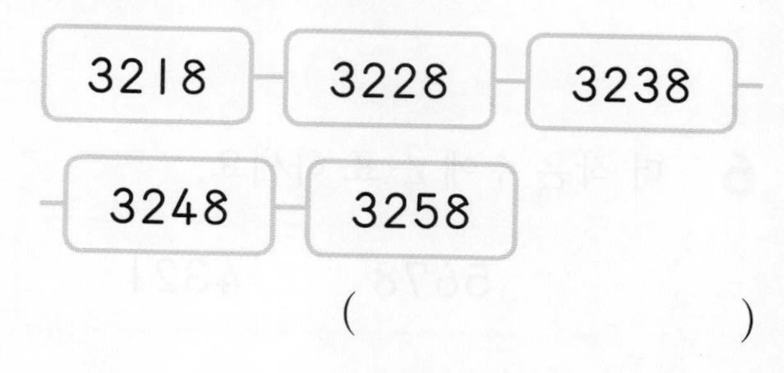

(　　　　　　　　)

쪽지시험 4회 네 자리 수

스피드 정답 1쪽 | 정답 및 풀이 15쪽

[1~4] 두 수의 크기를 비교하여 ○ 안에 > 또는 <를 알맞게 써넣으세요.

1 3579 ○ 3480

2 4735 ○ 4812

3 9846 ○ 9851

4 7635 ○ 6735

5 더 큰 수에 ○표 하세요.

3452	3457

6 더 작은 수에 △표 하세요.

5678	4321

7 가장 큰 수에 ○표 하세요.

5421	6537	6524

8 가장 작은 수에 △표 하세요.

3458	4368	3485

9 가장 큰 수에 ○표, 가장 작은 수에 △표 하세요.

4901	5107	4899

10 큰 수부터 차례대로 기호를 써 보세요.

㉠ 7206	㉡ 8019
㉢ 5927	㉣ 5893

(　　　　　　　　　　)

난이도 A B C

점수

스피드 정답 1쪽 | 정답 및 풀이 15쪽

1 수 모형을 보고 □ 안에 알맞은 수나 말을 써넣으세요.

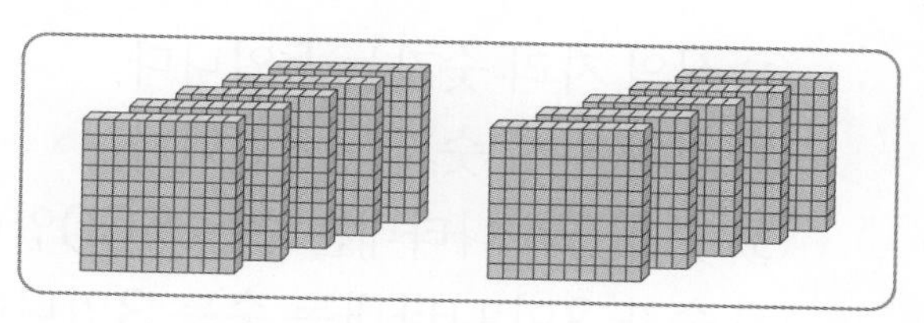

100이 10개이면 □(이)라 쓰고 □(이)라고 읽습니다.

2 수직선을 보고 □ 안에 알맞은 수를 써넣으세요.

0 100 200 300 400 500 600 700 800 900 1000

900보다 100만큼 더 큰 수는 □입니다.

3 수를 쓰고 읽어 보세요.

1000이 9개인 수

쓰기 (　　　　)
읽기 (　　　　)

4 6108을 바르게 읽은 것을 찾아 ○표 하세요.

육천백팔십　　육천백팔

5 수로 써 보세요.

구천삼십육

(　　　　)

6 □ 안에 알맞은 수를 써넣으세요.

2547은
- 1000이 2 개
- 100이 □ 개
- 10이 4 개
- 1이 □ 개

7 색종이의 수를 쓰고 읽어 보세요.

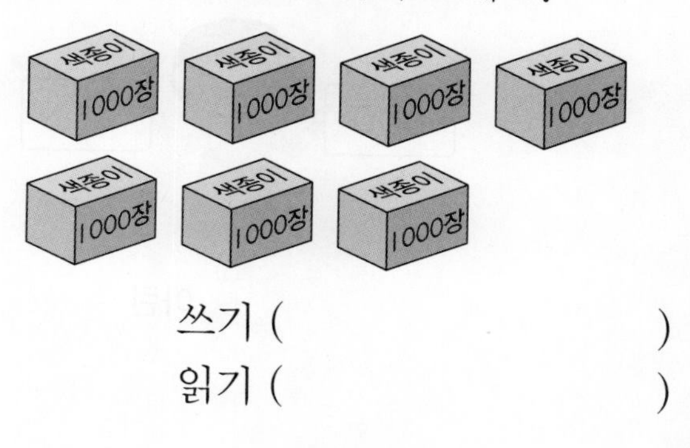

쓰기 (　　　　)
읽기 (　　　　)

8 □ 안에 알맞은 수를 써넣으세요.

4376

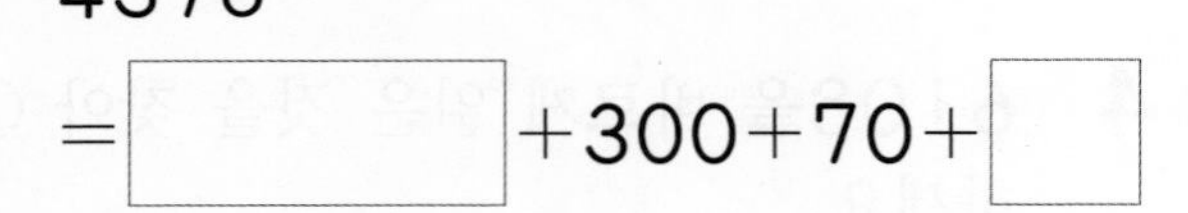

9 1씩 뛰어 세어 보세요.

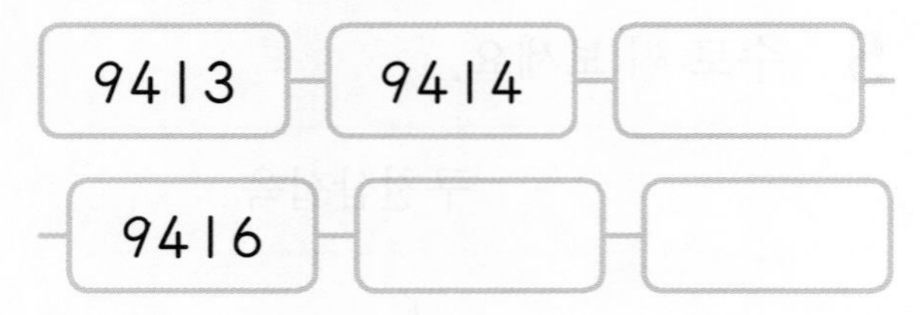

10 숫자 7이 700을 나타내는 수를 찾아 ○표 하세요.

2573	7146	5796	4827

11 아린이가 1000 만들기를 했습니다. 빈칸에 알맞은 수를 써넣으세요.

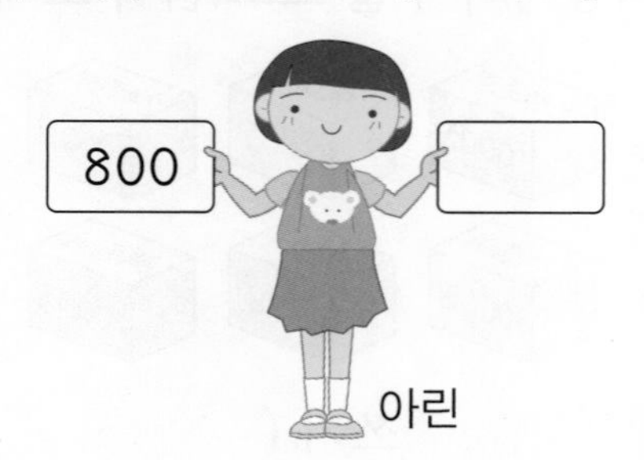

12 다음 수에 대한 설명으로 틀린 것은 어느 것일까요? ··················· (　　　)

8053

① 십의 자리 숫자는 5입니다.
② 천의 자리 숫자는 8입니다.
③ 숫자 5가 나타내는 수는 500입니다.
④ 숫자 3이 나타내는 수는 3입니다.
⑤ 팔천오십삼이라고 읽습니다.

[13~14] 두 수의 크기를 비교하여 ○ 안에 > 또는 <를 알맞게 써넣으세요.

13 7249 ○ 7352

14 2067 ○ 2039

15 1000이 5개, 100이 3개, 10이 7개, 1이 6개인 수는 얼마일까요?

( )

[16~17] 뛰어 세어 보세요.

16

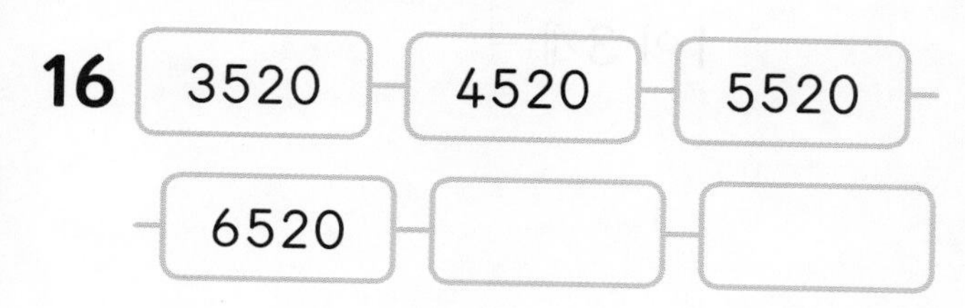

17 3476 — 3576 — 3676 — 3776 — [ ] — [ ]

18 두 식당에 온 손님 수가 다음과 같습니다. 어느 식당에 온 손님이 더 많을까요?

건강식당	좋은식당
1950명	1638명

( )

19 경규는 8000원짜리 장난감을 사려고 합니다. 1000원짜리 지폐를 몇 장 내야 할까요?

( )

20 수 카드 4장을 한 번씩만 사용하여 가장 큰 네 자리 수를 만들어 보세요.

[3] [0] [5] [7]

( )

1 단원

네 자리 수

1 □ 안에 알맞은 수를 써넣으세요.

700보다 300만큼 더 큰 수는 □ 입니다.

2 다음 중 나머지 넷과 다른 수는 어느 것일까요? ························ (　　)

① 100이 10개인 수
② 999보다 1만큼 더 큰 수
③ 900보다 100만큼 더 큰 수
④ 600보다 300만큼 더 큰 수
⑤ 800보다 200만큼 더 큰 수

3 관계있는 것끼리 선으로 이어 보세요.

1000이 5개인 수 •	• 팔천
1000이 7개인 수 •	• 칠천
1000이 8개인 수 •	• 오천

4 3947을 읽어 보세요.

(　　　　　　　　)

[5~6] □ 안에 알맞은 수를 써넣으세요.

5 1000이 6개, 100이 5개, 10이 9개, 1이 3개 이면 □

6 9374는 1000이 □개, 100이 3개, 10이 □개, 1이 4개

7 숫자 4가 나타내는 수는 얼마인지 써 보세요.

39<u>4</u>6

(　　　　　　　　)

8 숫자 8이 800을 나타내는 수를 찾아 기호를 써 보세요.

㉠ 8763	㉡ 5837
㉢ 1978	㉣ 9386

( )

9 수를 보기와 같이 나타내 보세요.

보기

6137=6000+100+30+7

5892=__________

10 3920부터 10씩 커지는 수들을 선으로 이어 보세요.

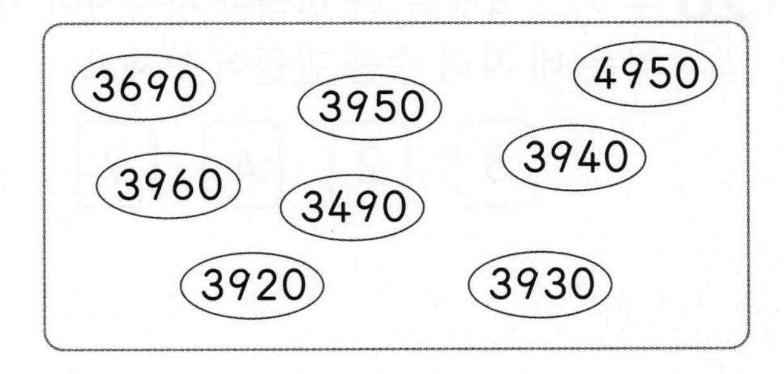

11 뛰어 세어 □ 안에 알맞은 수를 써넣으세요.

3246 — 3346 — □ — 3546 — □

〔12~13〕 두 수의 크기를 비교하여 ○ 안에 > 또는 <를 알맞게 써넣으세요.

12 6909 ○ 6090

13 8453 ○ 8465

14 알맞은 수를 쓰고 읽어 보세요.

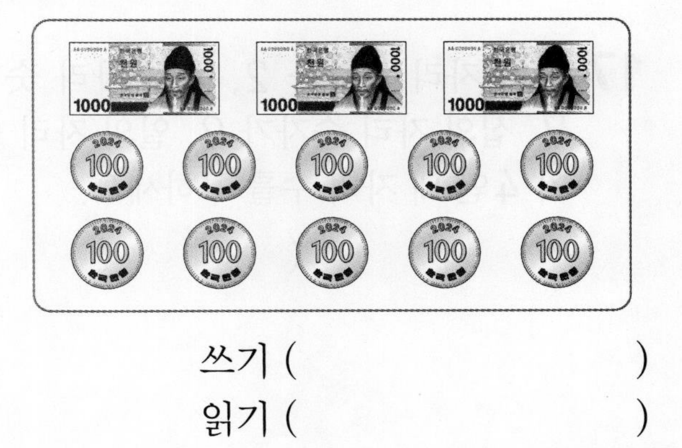

쓰기 ( )

읽기 ( )

15 숫자 3이 나타내는 수가 가장 큰 수를 찾아 ○표 하세요.

9357 4013 1634 3228

16 두 자전거 공장에서 만든 자전거 수입니다. 자전거를 더 많이 만든 공장의 기호를 써 보세요.

가	나
2926대	2950대

( )

17 천의 자리 숫자가 2, 백의 자리 숫자가 7, 십의 자리 숫자가 9, 일의 자리 숫자가 4인 네 자리 수를 구하세요.

( )

18 ㉠이 나타내는 수는 ㉡이 나타내는 수의 몇 배일까요?

8358
↑ ↑
㉠ ㉡

( )

19 상자 안에 구슬이 2290개 들어 있습니다. 구슬을 100개씩 4번 더 넣으면 상자 안의 구슬은 모두 몇 개가 될까요?

( )

20 수 카드 4장을 한 번씩만 사용하여 가장 작은 네 자리 수를 만들어 보세요.

8 2 4 9

( )

단원평가 3회

네 자리 수

난이도 A B C

점수

스피드 정답 1쪽 | 정답 및 풀이 16쪽

1 수 모형을 보고 □ 안에 알맞은 수나 말을 써넣으세요.

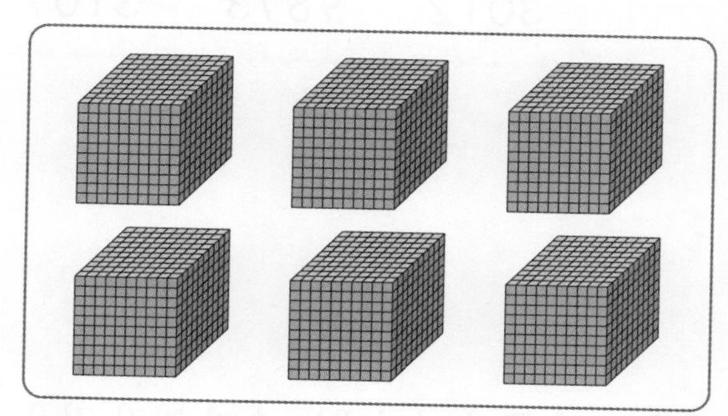

1000이 6개이면 □(이)라 쓰고 □(이)라고 읽습니다.

2 다음에서 설명하는 수를 써 보세요.

- 900보다 100만큼 더 큰 수입니다.
- 990보다 10만큼 더 큰 수입니다.
- 100이 10개인 수입니다.

(　　　　　　)

3 □ 안에 알맞은 수를 써넣으세요.

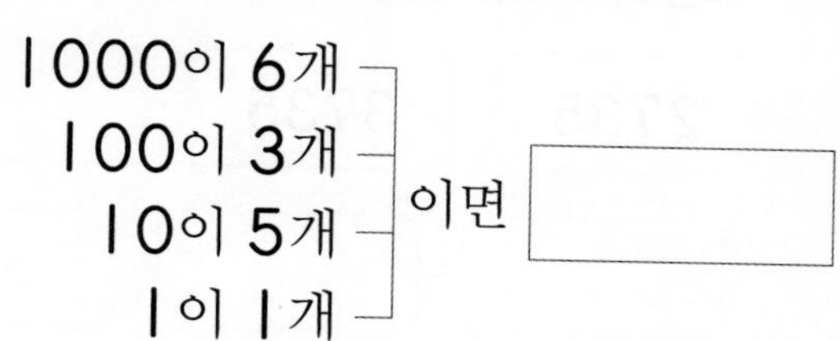

1000이 6개
100이 3개
10이 5개
1이 1개
이면 □

4 모두 얼마일까요?

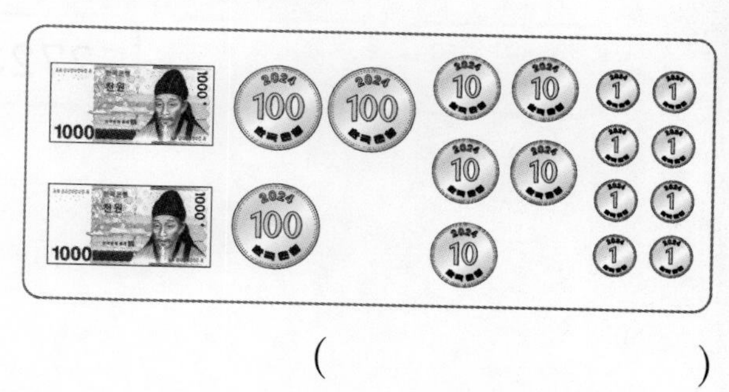

(　　　　　　)

5 각 자리 숫자를 알맞게 써넣으세요.

5946

⇩

천의 자리	백의 자리	십의 자리	일의 자리

6 숫자 8이 8000을 나타내는 수를 찾아 기호를 써 보세요.

㉠ 7843　　㉡ 9286
㉢ 2758　　㉣ 8067

(　　　　　　)

7 10씩 뛰어 세어 보세요.

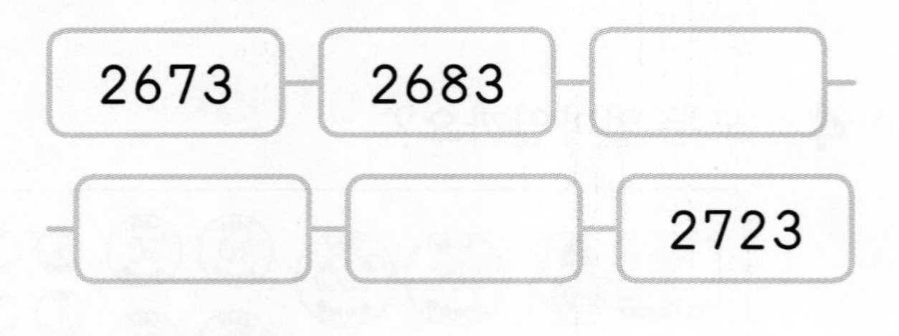

8 두 수의 크기를 비교하여 ○ 안에 > 또는 <를 알맞게 써넣으세요.

7825 ○ 8019

9 설명하는 수를 쓰고 읽어 보세요.

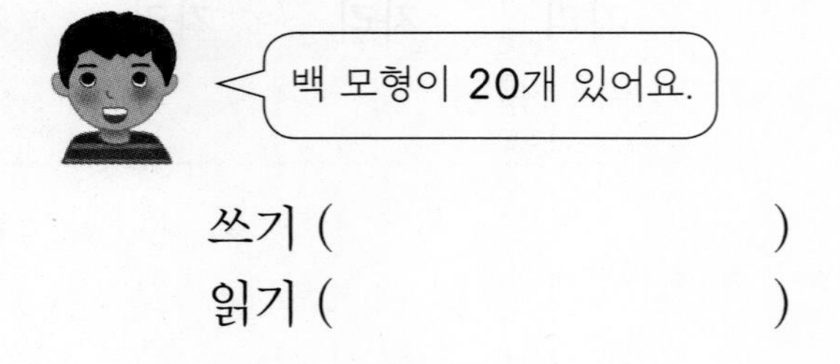

쓰기 (　　　　　　　　)

읽기 (　　　　　　　　)

10 더 큰 수를 말한 사람의 이름을 써 보세요.

- 서준: 1000이 8개, 100이 1개, 10이 9개, 1이 5개인 수
- 도희: 팔천사백오십삼

(　　　　　　　　)

11 천의 자리 숫자가 3인 수는 모두 몇 개일까요?

5243	3496	2376
3012	9873	3107

(　　　　　　　　)

12 숫자 7이 나타내는 수가 가장 작은 수를 찾아 써 보세요.

2754　9571　7003　8987

(　　　　　　　　)

13 두 수의 크기를 바르게 비교한 것에 ○표 하세요.

$4729>5129$	
$7643>7596$	

14 1000씩 뛰어 세려고 합니다. ㉠에 알맞은 수를 구하세요.

2735 — 3735 — (　) — (　) — (　) — ㉠

(　　　　　　　　)

15 유현이는 과자를 사고 천 원짜리 지폐 2장, 백 원짜리 동전 7개를 냈습니다. 유현이가 낸 돈은 모두 얼마일까요?

( )

16 마을에 사는 사람 수를 나타낸 것입니다. 가장 적은 사람이 사는 마을은 어디일까요?

수정이네 마을	1983명
시우네 마을	2607명
도현이네 마을	3120명
은호네 마을	1946명

( )

17 다음 중 3352보다 크고 3810보다 작은 수를 모두 찾아 써 보세요.

3350 3552 3815 3799

( )

18 4장의 수 카드를 한 번씩만 사용하여 만들 수 있는 네 자리 수 중 백의 자리 숫자가 9인 가장 큰 네 자리 수는 무엇일까요?

7 5 9 6

( )

19 선아의 저금통에는 9월에 2130원이 들어 있었습니다. 10월부터 12월까지 매달 1000원씩 넣는다면 12월에는 모두 얼마가 될까요?

( )

서술형

20 1부터 9까지의 수 중에서 □ 안에 들어갈 수 있는 수는 모두 몇 개인지 풀이 과정을 쓰고 답을 구하세요.

6243 > □248

풀이

답

단원평가 4회 네 자리 수

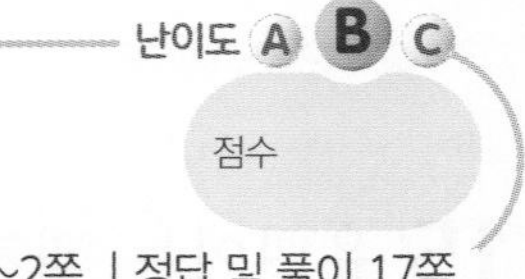

스피드 정답 1~2쪽 | 정답 및 풀이 17쪽

1 □ 안에 알맞은 수를 써넣으세요.

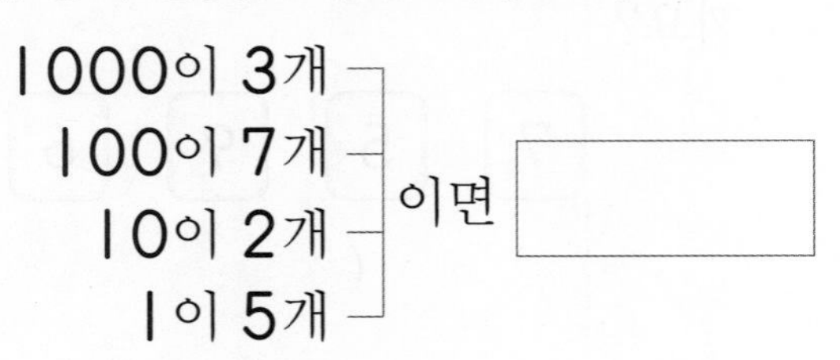

2 5043을 바르게 읽은 사람은 누구일까요?

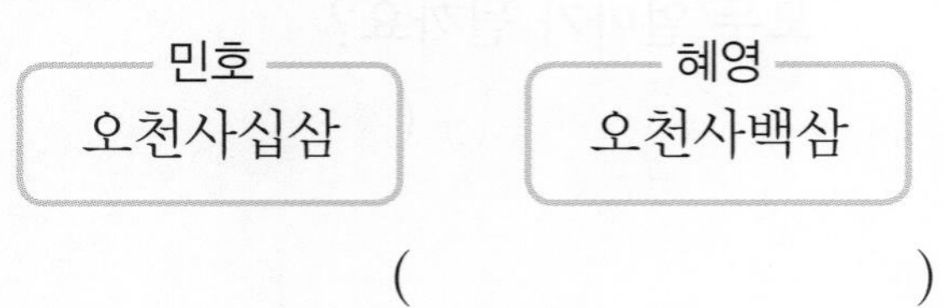

(　　　　　)

3 같은 수끼리 선으로 이어 보세요.

1000이 7개인 수 •	• 4000
990보다 10만큼 더 큰 수 •	• 7000
1000이 4개인 수 •	• 1000

4 몇씩 뛰어 센 것일까요?

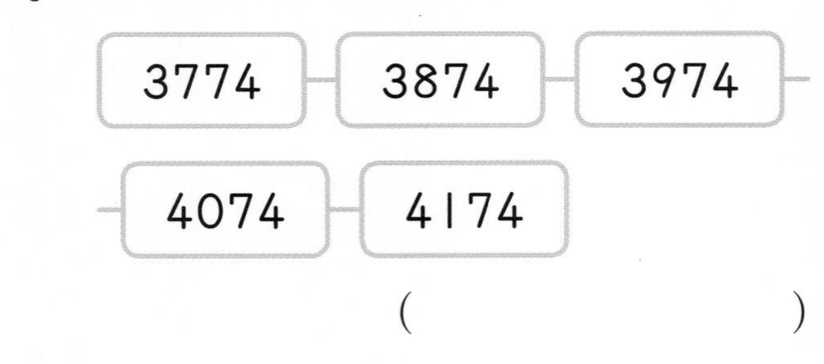

(　　　　　)

5 두 수의 크기를 비교하여 ○ 안에 > 또는 <를 알맞게 써넣으세요.

9736 ○ 9729

6 다음 중 숫자 6이 600을 나타내는 수를 모두 고르세요. ··········· (　　　　)

① 4630　② 6173
③ 2468　④ 9726
⑤ 5608

7 가장 작은 수에 ○표 하세요.

3507	3019	3025
(　　)	(　　)	(　　)

8 뛰어 세어 보세요.

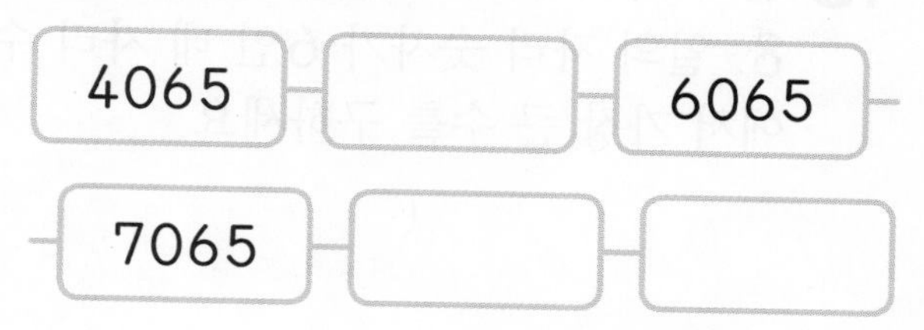

9 작은 수부터 차례대로 써 보세요.

3150　2936　4001

(　　　　　　　　)

10 십의 자리 숫자가 2인 수는 모두 몇 개일까요?

2357　7248　5821　2407
9620　5042　1326　8235

(　　　　　　　　)

11 인형이 한 상자에 100개씩 들어 있습니다. 20상자에는 인형이 모두 몇 개 들어 있을까요?

(　　　　　　　　)

12 수로 나타낼 때, 0의 개수가 가장 많은 것을 찾아 기호를 써 보세요.

㉠ 사천육백　㉡ 칠천이십
㉢ 오천　㉣ 구천십일

(　　　　　　　　)

13 리아네 마을에 사는 사람은 1940명, 정수네 마을에 사는 사람은 2015명입니다. 더 많은 사람이 사는 마을은 어디일까요?

(　　　　　　　　)

14 지수는 문구점에서 학용품을 사고 천 원짜리 지폐 3장, 백 원짜리 동전 4개를 냈습니다. 지수가 낸 돈은 모두 얼마일까요?

(　　　　　　　　)

15 하준이가 가진 동전입니다. 1000원이 되려면 얼마가 더 있어야 할까요?

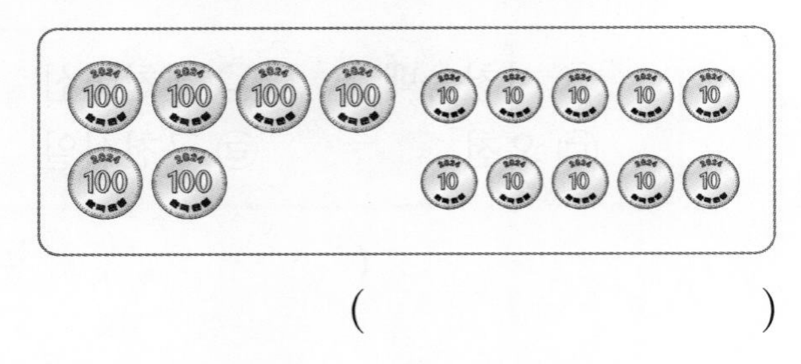

(　　　　　　　　)

16 큰 수부터 차례대로 기호를 써 보세요.

㉠ 사천육백오
㉡ 오천이백삼십칠
㉢ 사천구십팔

(　　　　　　　　)

17 어떤 수에서 100씩 4번 뛰어 세었더니 5730이 되었습니다. 어떤 수를 구하세요.

(　　　　　　　　)

18 천의 자리 숫자가 4, 백의 자리 숫자가 8, 일의 자리 숫자가 6인 네 자리 수 중에서 가장 큰 수를 구하세요.

(　　　　　　　　)

19 0부터 9까지의 수 중에서 □ 안에 들어갈 수 있는 수를 모두 써 보세요.

76□5 < 7643

(　　　　　　　　)

서술형

20 승우는 1000원짜리 지폐 6장, 100원짜리 동전 12개, 10원짜리 동전 26개를 가지고 있습니다. 승우가 가지고 있는 돈은 모두 얼마인지 풀이 과정을 쓰고 답을 구하세요.

풀이

답 ____________

단원평가 5회 네 자리 수

난이도 A B C

점수

스피드 정답 2쪽 | 정답 및 풀이 17~18쪽

1 수로 써 보세요.

팔천오백삼십오

(　　　　　　　　)

2 다른 수를 나타낸 사람의 이름을 써 보세요.

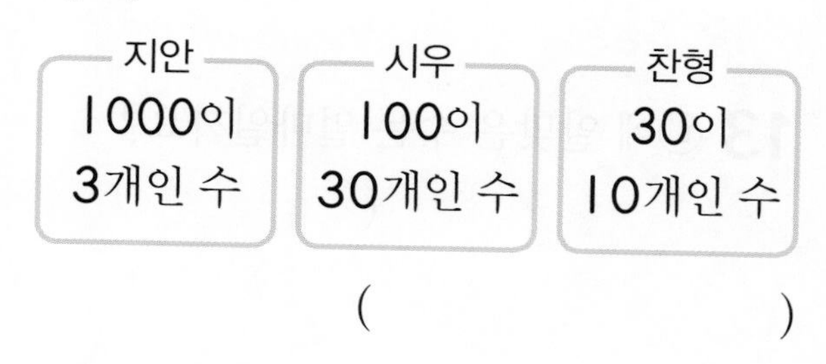

(　　　　　　　　)

3 두 수의 크기를 비교하여 ○ 안에 > 또는 <를 알맞게 써넣으세요.

1457 ○ 1429

4 가장 큰 수를 찾아 기호를 써 보세요.

㉠ 5487　㉡ 6245　㉢ 5903

(　　　　　　　　)

5 사과가 한 상자에 100개씩 들어 있습니다. 60상자에는 사과가 모두 몇 개 들어 있을까요?

(　　　　　　　　)

6 왼쪽과 오른쪽을 연결하여 1000이 되도록 선으로 이어 보세요.

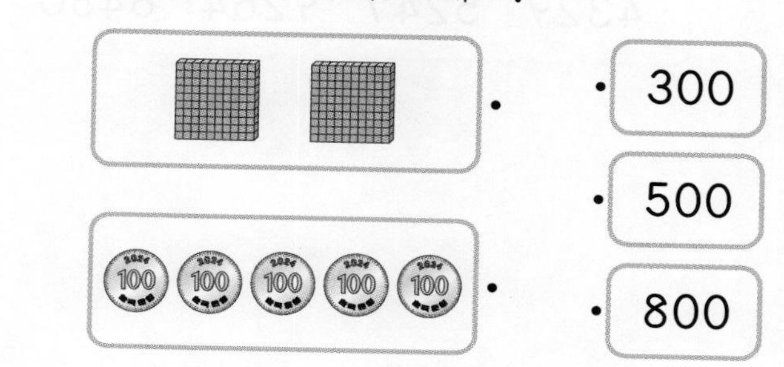

7 뛰어 세어 보세요.

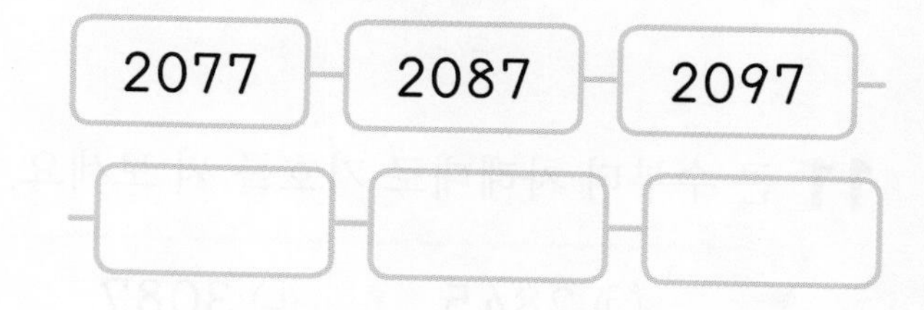

8 백의 자리 숫자가 7인 것을 모두 찾아 기호를 써 보세요.

㉠ 1734	㉡ 삼천이백십칠
㉢ 5072	㉣ 팔천칠백육

( )

9 숫자 4가 나타내는 수가 가장 큰 수에 ○표, 가장 작은 수에 △표 하세요.

4329 5247 9264 6480

10 8329에서 10씩 4번 뛰어 센 수는 얼마일까요?

( )

11 큰 수부터 차례대로 기호를 써 보세요.

㉠ 2845	㉡ 3087
㉢ 3150	㉣ 2854

( )

[12~13] 수 배열표를 보고 물음에 답하세요.

3450	3460	3470	3480	3490
3500	3510	3520	㉠	3540
3550	3560	3570	3580	3590
3600	㉡	3620	3630	3640

12 ㉠에 알맞은 수는 얼마일까요?

( )

13 ㉡에 알맞은 수는 얼마일까요?

( )

14 다음 중 가장 큰 수를 말한 사람을 찾아 이름을 써 보세요.

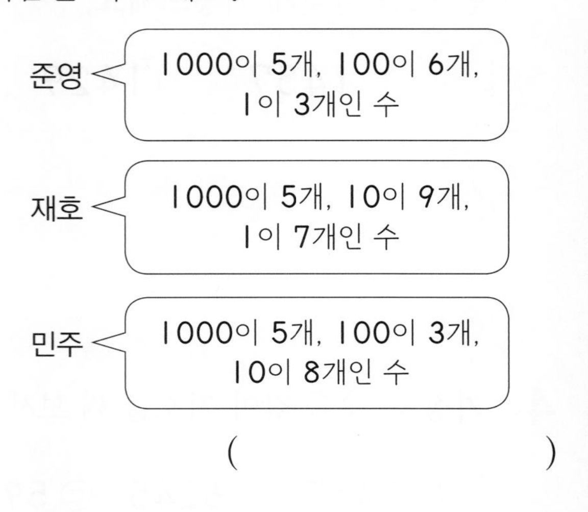

( )

15 ㉠이 나타내는 수는 ㉡이 나타내는 수의 몇 배일까요?

3656
(㉠: 첫째 6, ㉡: 둘째 6)

(　　　　　　　　)

16 다음이 나타내는 수의 백의 자리 숫자를 구하세요.

1000이 3개, 100이 16개,
10이 15개, 1이 2개인 수

(　　　　　　　　)

서술형

17 지금 도윤이의 저금통에는 5800원이 들어 있습니다. 도윤이가 오늘부터 7일 동안 매일 100원씩 저금하면 모두 얼마가 되는지 풀이 과정을 쓰고 답을 구하세요.

풀이

답 ________________

18 0부터 9까지의 수 중에서 ㉠이 될 수 있는 가장 작은 수를 구하세요.

79㉠2 > 7968

(　　　　　　　　)

19 4장의 수 카드를 한 번씩만 사용하여 만들 수 있는 네 자리 수 중에서 5084보다 작은 수는 모두 몇 개일까요?

5　4　0　8

(　　　　　　　　)

서술형

20 다음에서 설명하는 수는 무엇인지 풀이 과정을 쓰고 답을 구하세요.

- 6000과 7000 사이에 있는 수입니다.
- 백의 자리 숫자는 5, 일의 자리 숫자는 2입니다.
- 십의 자리 숫자는 천의 자리 숫자보다 3만큼 더 큽니다.

풀이

답 ________________

단계별로 연습하는

서술형 평가 1 네 자리 수

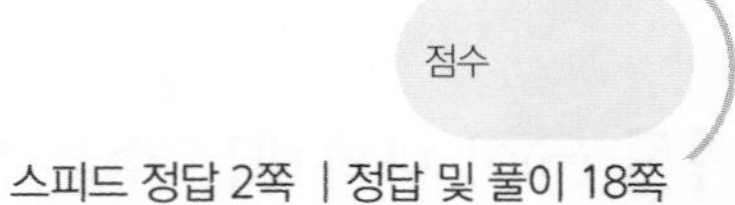

스피드 정답 2쪽 | 정답 및 풀이 18쪽

1 한 상자에 1000장씩 들어 있는 색종이가 9상자 있습니다. 색종이는 모두 몇 장인지 구하세요.

❶ 1000이 9개이면 얼마일까요?

( )

❷ 1000장씩 9상자에 들어 있는 색종이는 모두 몇 장일까요?

( )

2 지윤이가 산 장난감의 가격은 2840원이고 영호가 산 장난감의 가격은 2750원입니다. 누가 산 장난감이 더 비싼지 구하세요.

❶ 두 수의 크기를 비교하여 ○ 안에 > 또는 <를 알맞게 써넣으세요.

2840 ○ 2750

❷ 누가 산 장난감이 더 비쌀까요?

( )

3 ㉠이 나타내는 수는 ㉡이 나타내는 수의 몇 배인지 구하세요.

2 7 3 3
↑ ↑
㉠㉡

❶ ㉠과 ㉡이 나타내는 수는 각각 얼마일까요?

㉠ ( ), ㉡ ( )

❷ ㉠이 나타내는 수는 ㉡이 나타내는 수의 몇 배일까요?

( )

4 |조건|을 모두 만족하는 네 자리 수를 구하세요.

|조건|
- 7000보다 크고 8000보다 작은 수입니다.
- 백의 자리 숫자는 2, 일의 자리 숫자는 0입니다.
- 십의 자리 숫자는 50을 나타냅니다.

❶ 천의 자리 숫자는 얼마일까요?

( )

❷ 십의 자리 숫자는 얼마일까요?

( )

❸ |조건|을 모두 만족하는 네 자리 수는 얼마일까요?

( )

네 자리 수

점수

스피드 정답 2쪽 | 정답 및 풀이 18~19쪽

1 지현이는 붙임 딱지를 한 상자에 100장씩 넣어서 7상자 모았습니다. 붙임 딱지를 1000장 모으려면 몇 장을 더 모아야 하는지 풀이 과정을 쓰고 답을 구하세요.

풀이

답 ____________________

> **어떻게 풀까요?**
> 100이 7개이면 몇백인지 먼저 알아봅니다.

2 가게에 있는 초콜릿 중 달콤 초콜릿은 2043개, 달달 초콜릿은 2134개입니다. 더 많이 있는 초콜릿은 무엇인지 풀이 과정을 쓰고 답을 구하세요.

풀이

답 ____________________

> **어떻게 풀까요?**
> 네 자리 수의 크기 비교는 천의 자리 수를 비교하고 천의 자리 수가 같으면 백의 자리 수를 비교합니다.

3 어떤 수에서 10씩 5번 뛰어 세었더니 8291이 되었습니다. 어떤 수는 얼마인지 풀이 과정을 쓰고 답을 구하세요.

풀이

답 ____________

어떻게 풀까요?

8291부터 10씩 거꾸로 세어 봅니다.

1 단원

4 천의 자리 숫자가 2, 백의 자리 숫자가 6인 네 자리 수 중에서 2695보다 큰 수는 모두 몇 개인지 풀이 과정을 쓰고 답을 구하세요.

풀이

답 ____________

어떻게 풀까요?

천의 자리 숫자가 2, 백의 자리 숫자가 6인 네 자리 수를 26■▲라 하여 크기를 비교합니다.

밀크티 성취도 평가

오답 베스트 5

네 자리 수

스피드 정답 2쪽 | 정답 및 풀이 19쪽

1 다른 수를 말한 사람을 찾아 이름을 써 보세요.

효정: 천 모형이 4개 있어.
제준: 백 모형이 40개 있어.
지수: 백 모형이 4개 있어.

( )

2 보기 와 같이 숫자 7은 얼마를 나타내는지 써 보세요.

보기
7819 ⇨ 7000

3718 ⇨ □

3 민지는 7월까지 6500원을 저금하였습니다. 8월부터 한 달에 1000원씩 계속 저금한다면 8월, 10월에는 각각 얼마가 될까요?

8월 ( )
10월 ( )

4 0부터 9까지의 수 중에서 □ 안에 들어갈 수 있는 수는 모두 몇 개일까요?

6317<631□

( )

5 4장의 수 카드를 한 번씩만 사용하여 백의 자리 숫자가 2인 가장 작은 네 자리 수를 만들어 보세요.

5 2 3 8

( )

2단원

곱셈구구

개념정리	28
쪽지시험	30
단원평가 1회 난이도 A	35
단원평가 2회 난이도 A	38
단원평가 3회 난이도 B	41
단원평가 4회 난이도 B	44
단원평가 5회 난이도 C	47
단계별로 연습하는 서술형 평가 1	50
풀이 과정을 직접 쓰는 서술형 평가 2	52
밀크티 성취도 평가 오답 베스트 5	54

개념정리 곱셈구구

개념 ① 2단 곱셈구구

×	1	2	3	4	5	6	7	8	9
2	2	4	6	8	10	12	14	16	18

+2 +2 +2 +2 +2 +2 +2 +2

$2\times3=6$
$2\times4=8$] +2

2×4는 2×3보다 ❶ □ 만큼 더 큽니다.

참고
●단 곱셈구구에서 곱하는 수가 1씩 커지면 그 곱은 ●씩 커집니다.

개념 ② 5단 곱셈구구

×	1	2	3	4	5	6	7	8	9
5	5	10	15	20	25	30	35	40	45

+5 +5 +5 +5 +5 +5 +5 +5

$5\times3=15$
$5\times4=20$] +5

5×4는 5×3보다 ❷ □ 만큼 더 큽니다.

개념 ③ 3단 곱셈구구

×	1	2	3	4	5	6	7	8	9
3	3	6	9	12	15	18	21	24	27

+3 +3 +3 +3 +3 +3 +3 +3

$3\times4=12$
$3\times5=15$] +3

3×5는 3×4보다 ❸ □ 만큼 더 큽니다.

개념 ④ 6단 곱셈구구

×	1	2	3	4	5	6	7	8	9
6	6	12	18	24	30	36	42	48	54

+6 +6 +6 +6 +6 +6 +6 +6

$6\times3=18$
$6\times4=24$] + ❹ □

6×4는 6×3보다 6만큼 더 큽니다.

개념 ⑤ 4단 곱셈구구

×	1	2	3	4	5	6	7	8	9
4	4	8	12	16	20	24	28	32	36

+4 +4 +4 +4 +4 +4 +4 +4

$4\times4=16$
$4\times5=20$] + ❺ □

4×5는 4×4보다 4만큼 더 큽니다.

개념 ⑥ 8단 곱셈구구

×	1	2	3	4	5	6	7	8	9
8	8	16	24	32	40	48	56	64	72

+8 +8 +8 +8 +8 +8 +8 +8

$8\times5=40$
$8\times6=48$] + ❻ □

8×6은 8×5보다 8만큼 더 큽니다.

| 정답 | ❶ 2 ❷ 5 ❸ 3 ❹ 6 ❺ 4 ❻ 8

개념 7 7단 곱셈구구

×	1	2	3	4	5	6	7	8	9
7	7	14	21	28	35	42	49	56	63

+7 +7 +7 +7 +7 +7 +7 +7

$7\times3=21$

$7\times4=$ ❼ ☐ (+7)

7×4는 7×3보다 7만큼 더 큽니다.

개념 8 9단 곱셈구구

×	1	2	3	4	5	6	7	8	9
9	9	18	27	36	45	54	63	72	81

+9 +9 +9 +9 +9 +9 +9 +9

$9\times5=45$

$9\times6=$ ❽ ☐ (+9)

9×6은 9×5보다 9만큼 더 큽니다.

개념 9 1단 곱셈구구와 0의 곱

(1) 1단 곱셈구구

×	1	2	3	4	5	6	7	8	9
1	1	2	3	4	5	6	7	8	❾

1×(어떤 수)=(어떤 수),
(어떤 수)×1=(어떤 수)

(2) 0의 곱

0×(어떤 수)=0, (어떤 수)×0=0

예 $3\times0=$ ❿ ☐

개념 10 곱셈표

×	0	1	2	3	4	5	6	7	8	9
0	0	0	0	0	0	0	0	0	0	0
1	0	1	2	3	4	5	6	7	8	9
2	0	2	4	6	8	10	12	14	16	18
3	0	3	6	9	12	15	18	21	24	27
4	0	4	8	12	16	20	24	28	32	36
5	0	5	10	15	20	25	30	35	40	45
6	0	6	12	18	24	30	36	42	48	54
7	0	7	14	21	28	35	42	49	56	63
8	0	8	16	24	32	40	48	56	64	72
9	0	9	18	27	36	45	54	63	72	81

- 곱셈표에서 점선을 따라 접었을 때 만나는 두 수는 같습니다.
- 곱셈표에서 5×7과 곱이 같은 곱셈구구는 7×5입니다.

$5\times7=35$, $7\times5=35$

개념 11 곱셈구구를 이용하여 문제 해결하기

예 사과가 한 상자에 9개씩 들어 있습니다.
3상자에 들어 있는 사과는 모두
$9\times3=$ ⓫ ☐ (개)입니다.

예 참외가 한 상자에 6개씩 들어 있습니다.
4상자에 들어 있는 참외는 모두
$6\times4=$ ⓬ ☐ (개)입니다.

| 정답 | ❼ 28 ❽ 54 ❾ 9 ❿ 0 ⓫ 27 ⓬ 24

2단원 쪽지시험 1회 곱셈구구

스피드 정답 2쪽 | 정답 및 풀이 19쪽

[1~2] □ 안에 알맞은 수를 써넣으세요.

1

$2+2+2+2+2+2=\square$

$2\times6=\square$

2

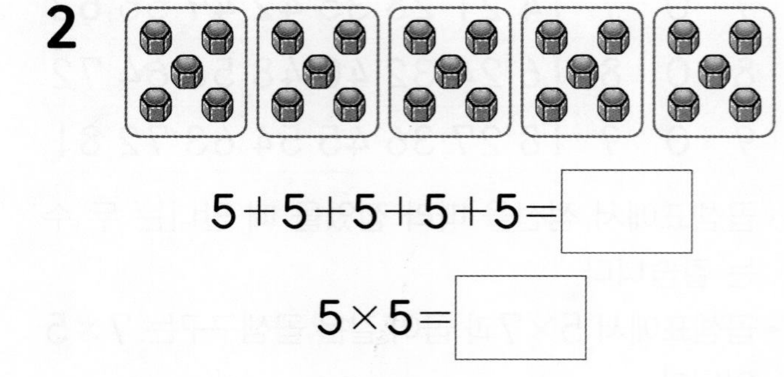

$5+5+5+5+5=\square$

$5\times5=\square$

3 5개씩 묶어 보고 곱셈식으로 나타내 보세요.

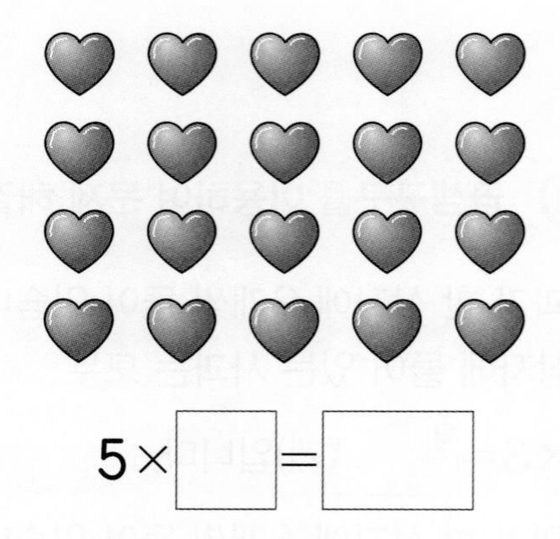

$5\times\square=\square$

4 빈칸에 ○를 그리고 □ 안에 알맞은 수를 써넣으세요.

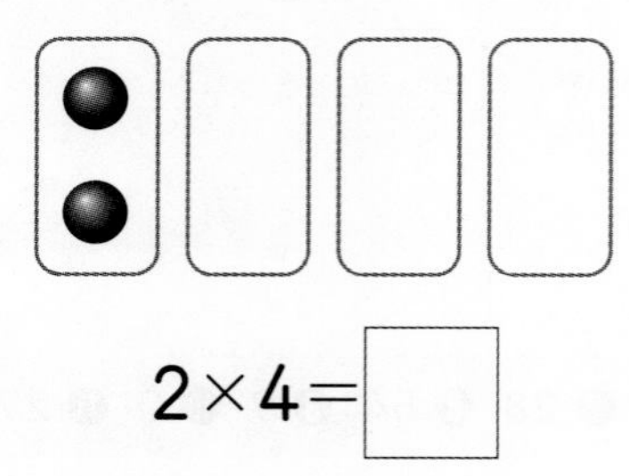

$2\times4=\square$

[5~8] □ 안에 알맞은 수를 써넣으세요.

5 $2\times8=\square$

6 $2\times5=\square$

7 $5\times3=\square$

8 $5\times7=\square$

9 구슬은 모두 몇 개인지 곱셈식으로 나타내 보세요.

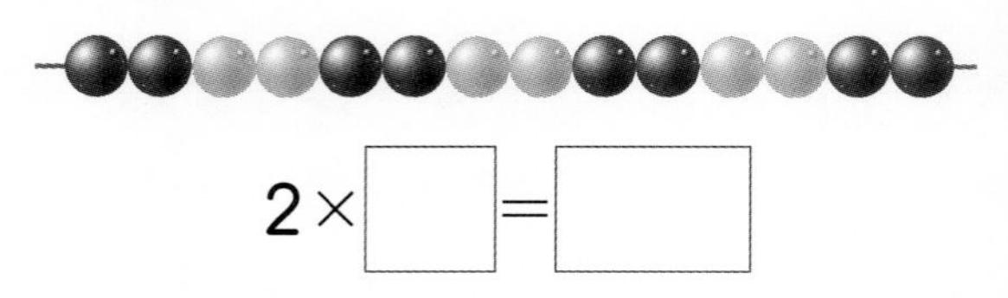

$2\times\square=\square$

10 꽃 한 송이에 꽃잎이 5장씩 있습니다. 꽃잎은 모두 몇 장인지 곱셈식으로 나타내 보세요.

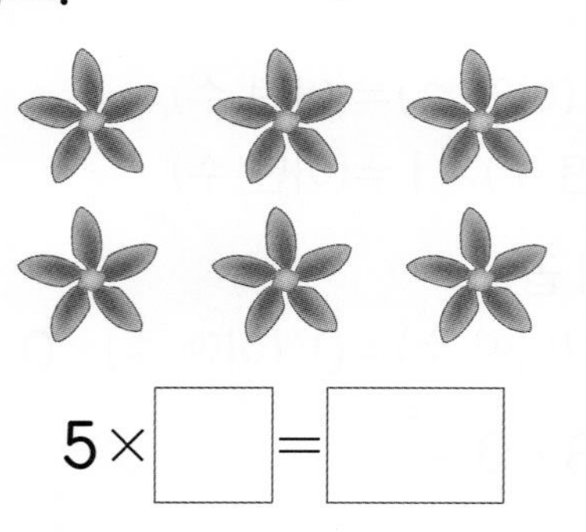

$5\times\square=\square$

쪽지시험 2회 곱셈구구

점수

스피드 정답 2~3쪽 | 정답 및 풀이 19쪽

[1~2] □ 안에 알맞은 수를 써넣으세요.

1

$3+3+3+3=\square$

$3\times4=\square$

2

$6+6=\square$, $6\times2=\square$

3 6개씩 묶어 보고 곱셈식으로 나타내 보세요.

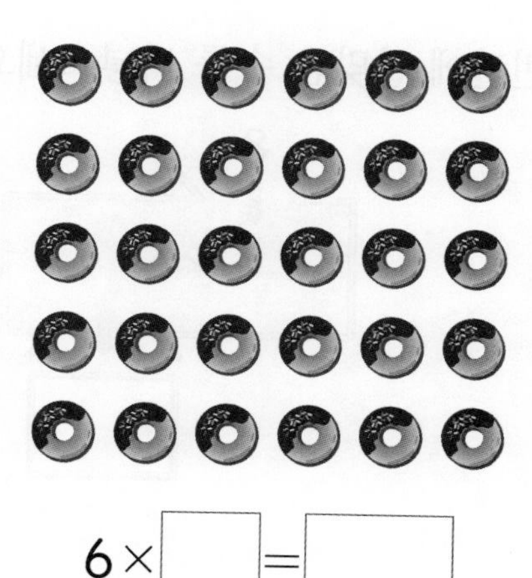

$6\times\square=\square$

4 빈칸에 ○를 그리고 □ 안에 알맞은 수를 써넣으세요.

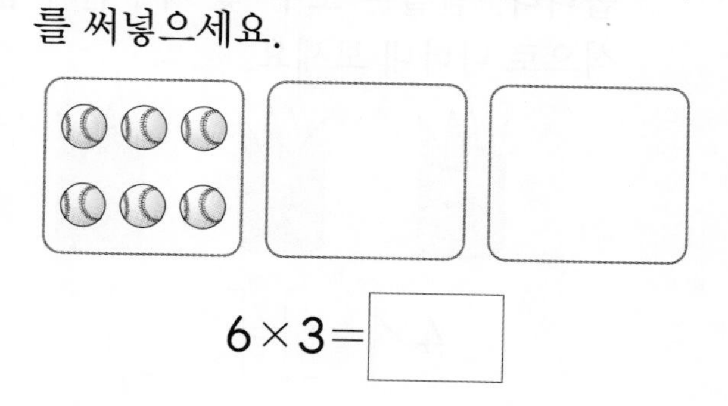

$6\times3=\square$

[5~8] □ 안에 알맞은 수를 써넣으세요.

5 $3\times7=\square$

6 $3\times9=\square$

7 $6\times8=\square$

8 $6\times9=\square$

9 만두는 모두 몇 개인지 곱셈식으로 나타내 보세요.

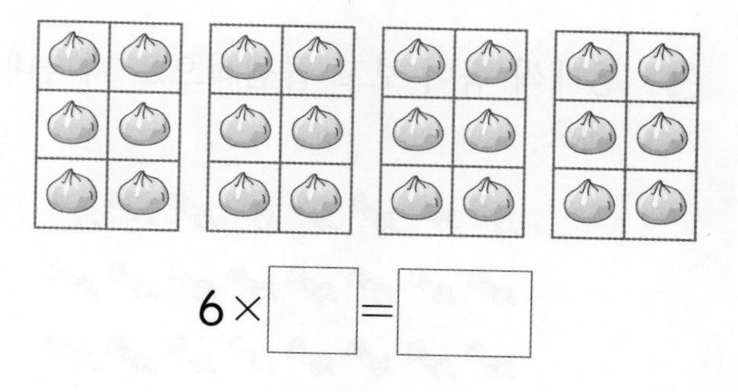

$6\times\square=\square$

10 호박은 모두 몇 개인지 곱셈식으로 나타내 보세요.

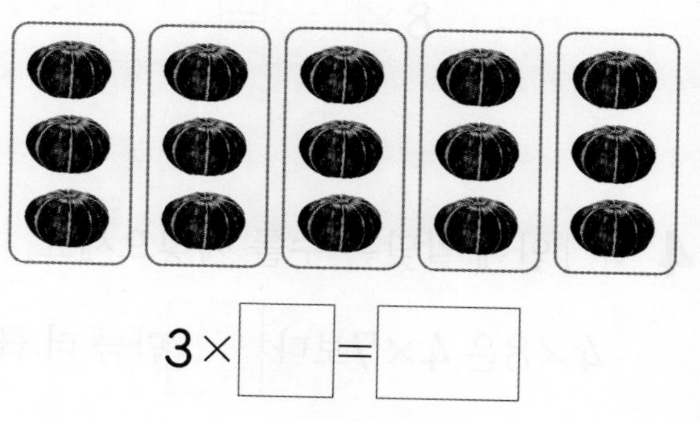

$3\times\square=\square$

곱셈구구

점수

스피드 정답 3쪽 | 정답 및 풀이 19쪽

[1~2] 그림을 보고 □ 안에 알맞은 수를 써넣으세요.

1

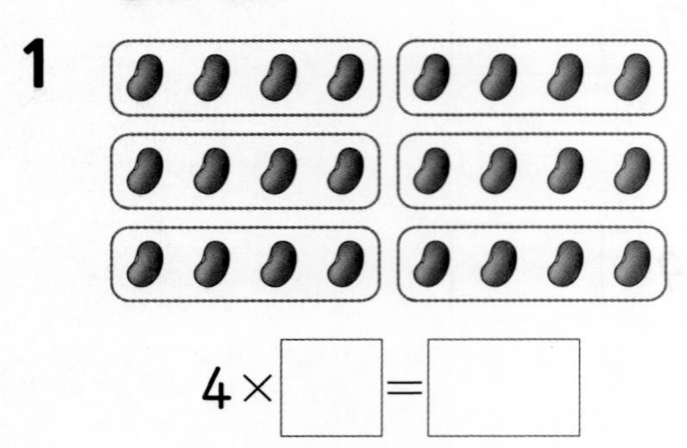

$4\times\square=\square$

2

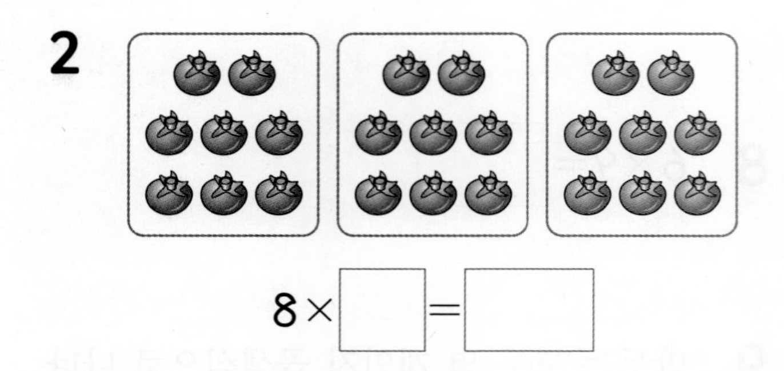

$8\times\square=\square$

3 8개씩 묶어 보고 곱셈식으로 나타내 보세요.

$8\times\square=\square$

4 □ 안에 알맞은 수를 써넣으세요.

4×8은 4×7보다 □ 만큼 더 큽니다.

[5~8] □ 안에 알맞은 수를 써넣으세요.

5 $4\times5=\square$

6 $4\times9=\square$

7 $8\times7=\square$

8 $8\times9=\square$

9 빈칸에 알맞은 수를 써넣으세요.

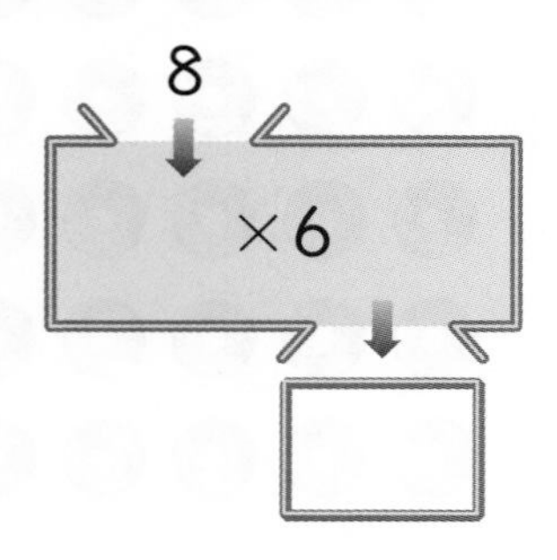

10 연필꽂이 한 개에 연필을 4자루씩 꽂았습니다. 연필은 모두 몇 자루인지 곱셈식으로 나타내 보세요.

$4\times\square=\square$

2단원 쪽지시험 4회 곱셈구구

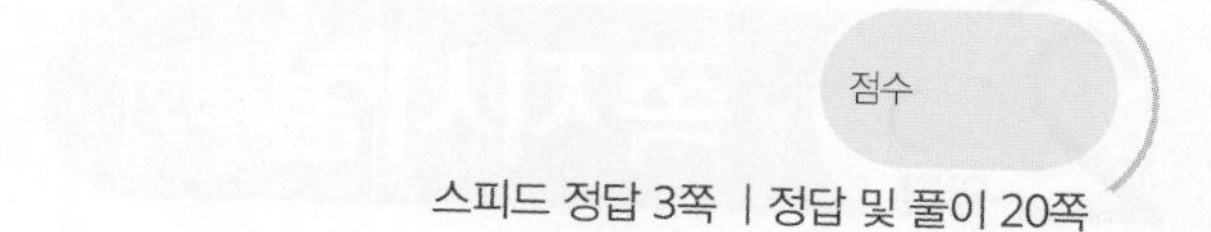

스피드 정답 3쪽 | 정답 및 풀이 20쪽

[1~2] 그림을 보고 □ 안에 알맞은 수를 써넣으세요.

1

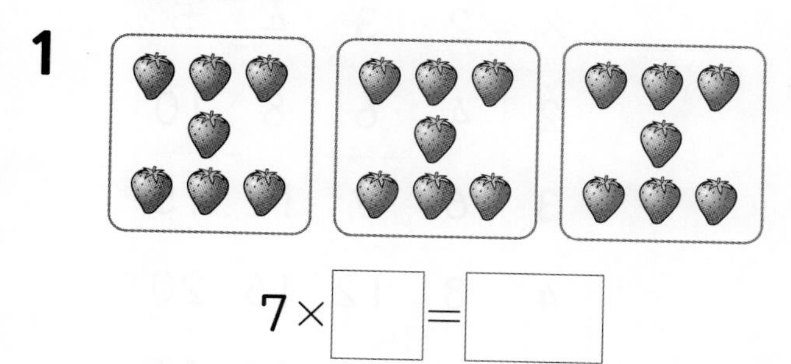

$7\times\square=\square$

2

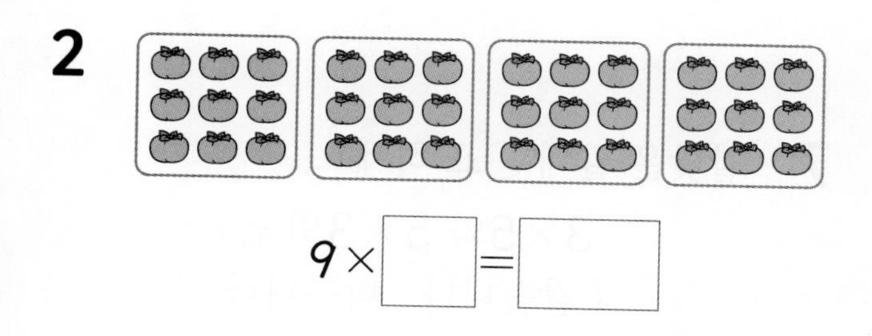

$9\times\square=\square$

3 7개씩 묶어 보고 곱셈식으로 나타내 보세요.

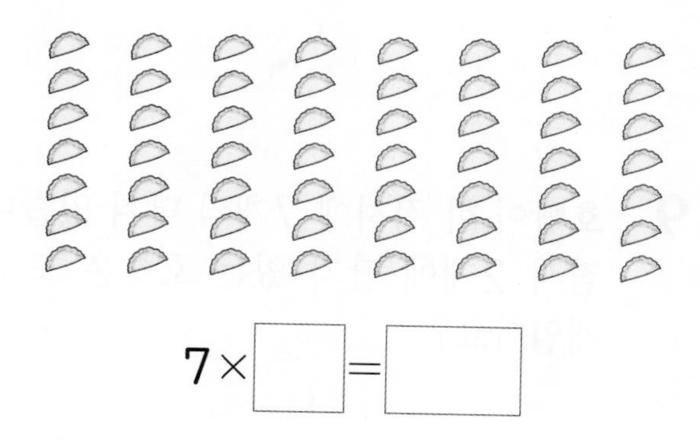

$7\times\square=\square$

4 □ 안에 알맞은 수를 써넣으세요.

9×3은 9×2보다 □ 만큼 더 큽니다.

[5~8] □ 안에 알맞은 수를 써넣으세요.

5 $7\times4=\square$

6 $7\times6=\square$

7 $9\times8=\square$

8 $9\times9=\square$

9 빈칸에 알맞은 수를 써넣으세요.

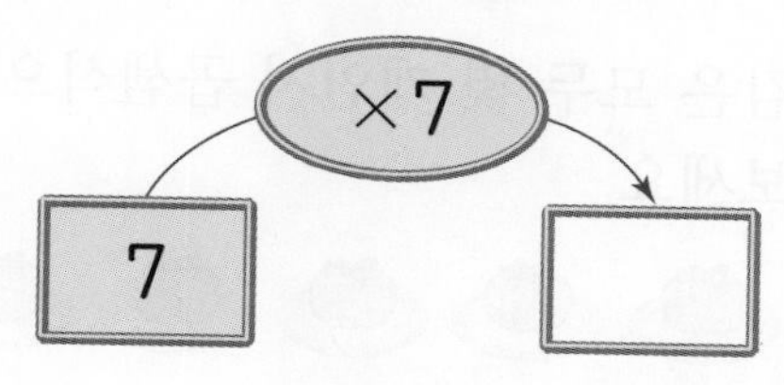

10 주머니 한 개에 구슬이 7개씩 들어 있습니다. 구슬은 모두 몇 개인지 곱셈식으로 나타내 보세요.

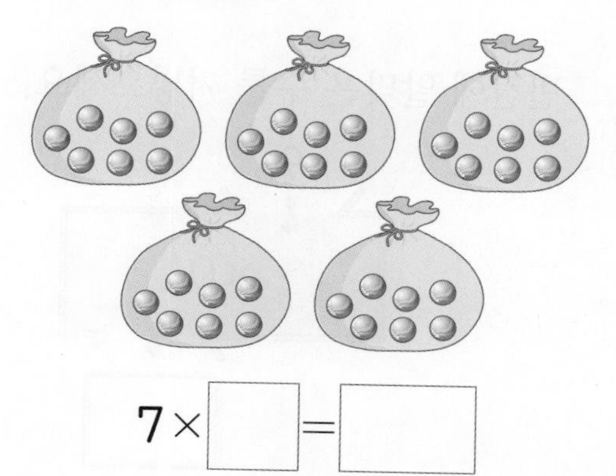

$7\times\square=\square$

곱셈구구

점수

스피드 정답 3쪽 | 정답 및 풀이 20쪽

[1~3] □ 안에 알맞은 수를 써넣으세요.

1 $0\times3=$ □

2 $4\times0=$ □

3 $1\times7=$ □

4 감은 모두 몇 개인지 곱셈식으로 나타내 보세요.

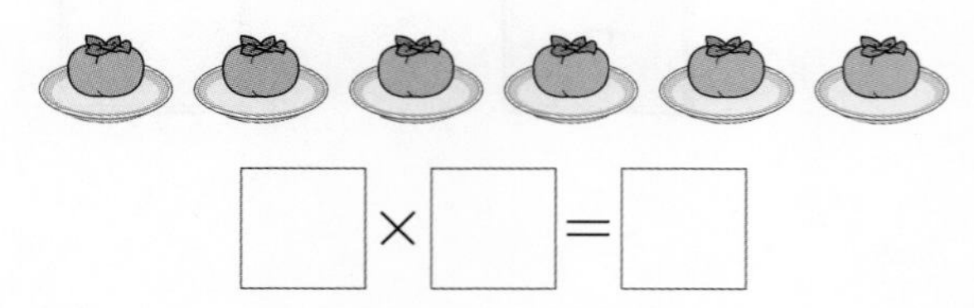

□ × □ = □

5 빈칸에 알맞은 수를 써넣으세요.

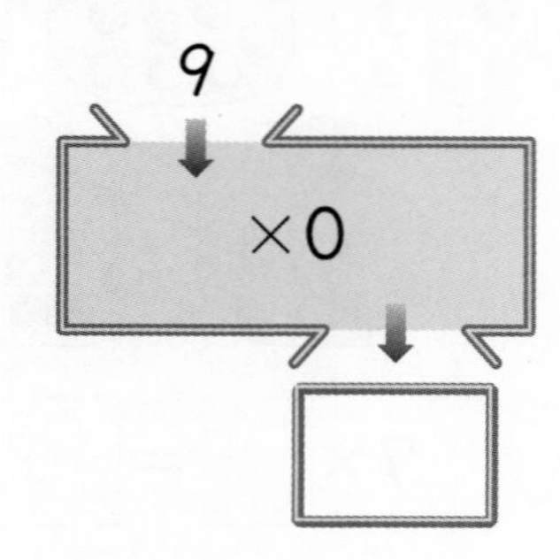

[6~7] 곱셈표를 보고 물음에 답하세요.

×	2	3	4	5
2	4	6	8	10
3	6	9	12	15
4	8	12	16	20
5	10	15	20	25

6 3×5와 5×3에 각각 색칠해 보세요.

7 알맞은 말에 ○표 하세요.

3×5와 5×3의 곱은
(같습니다 , 다릅니다).

8 배구는 한 팀에 6명의 선수가 있습니다. 6팀이 모여서 배구 경기를 한다면 선수는 모두 몇 명일까요?

( )

9 호빵이 한 접시에 7개씩 담겨 있습니다. 접시 2개에 담겨 있는 호빵은 모두 몇 개일까요?

( )

10 어머니께서 한 줄에 5개씩 포장된 단감을 8줄 사셨습니다. 어머니께서 사신 단감은 모두 몇 개일까요?

( )

단원평가 1회

곱셈구구

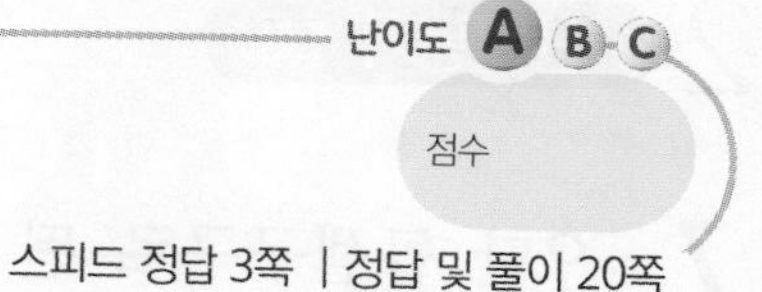

스피드 정답 3쪽 | 정답 및 풀이 20쪽

1 □ 안에 알맞은 수를 써넣으세요.

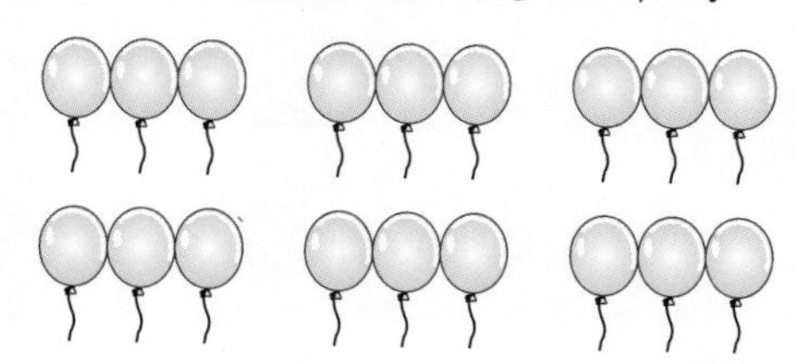

3+3+3+3+3+3=□

3×6=□

2 □ 안에 알맞은 수를 써넣으세요.

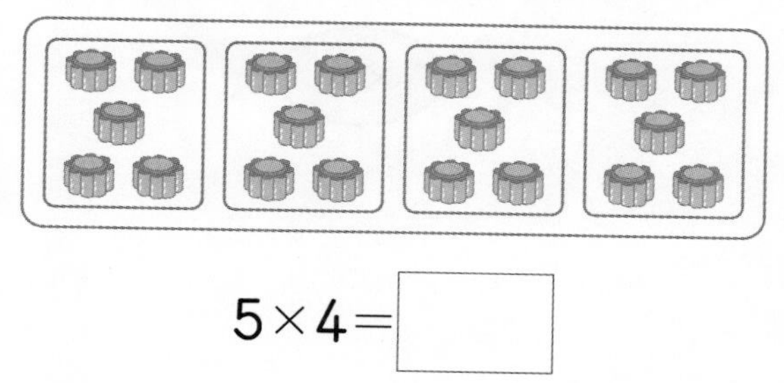

5×4=□

3 □ 안에 알맞은 수를 써넣으세요.

8×2=□

8×3=□

8×4=□

4 5×7을 계산하는 방법입니다. □ 안에 알맞은 수를 써넣으세요.

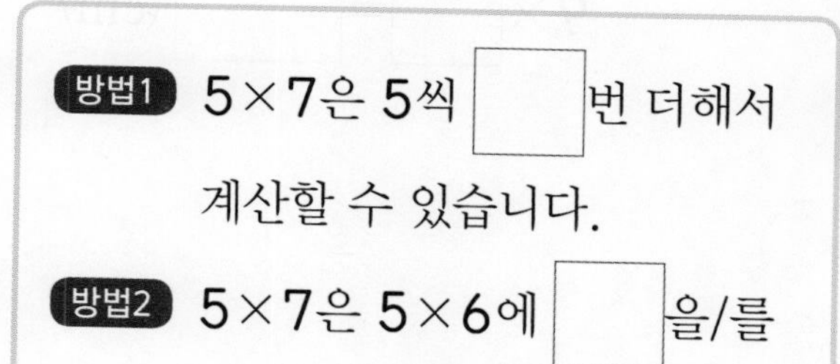

방법1 5×7은 5씩 □번 더해서 계산할 수 있습니다.

방법2 5×7은 5×6에 □을/를 더해서 계산할 수 있습니다.

5 사과가 모두 몇 개인지 곱셈식으로 나타내 보세요.

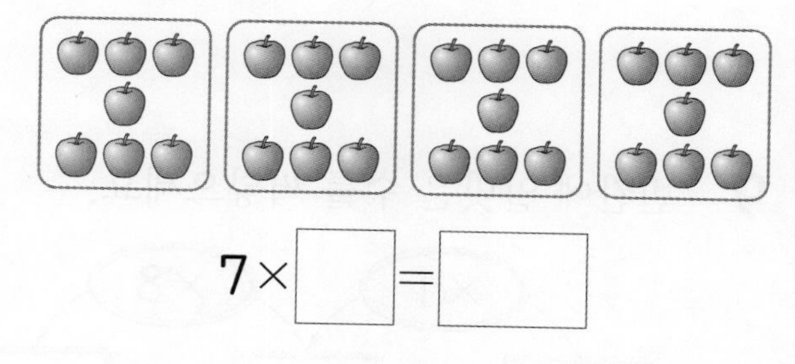

7×□=□

6 2단 곱셈구구의 값을 찾아 선으로 이어 보세요.

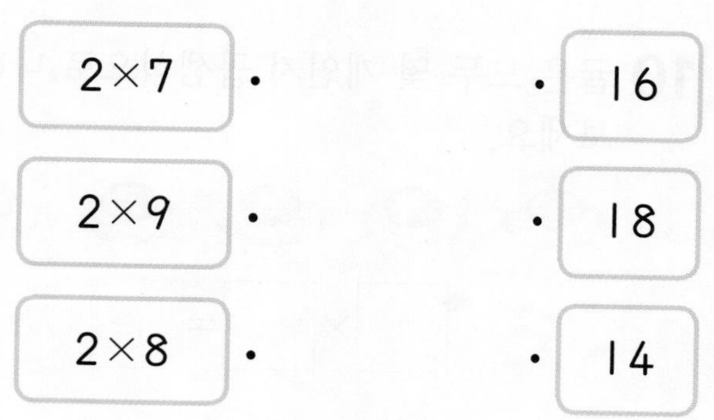

2×7 ·	· 16
2×9 ·	· 18
2×8 ·	· 14

7 9단 곱셈구구로 뛴 전체 거리를 구하세요.

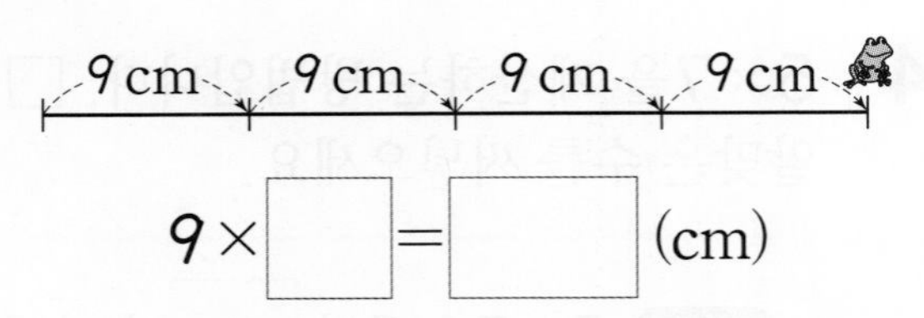

$9 \times \square = \square$ (cm)

8 빈칸에 알맞은 수를 써넣으세요.

×	2	5	6	7
4				

9 빈칸에 알맞은 수를 써넣으세요.

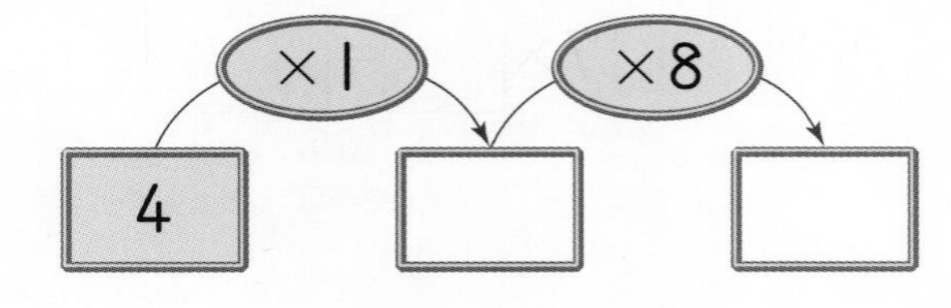

10 귤은 모두 몇 개인지 곱셈식으로 나타내 보세요.

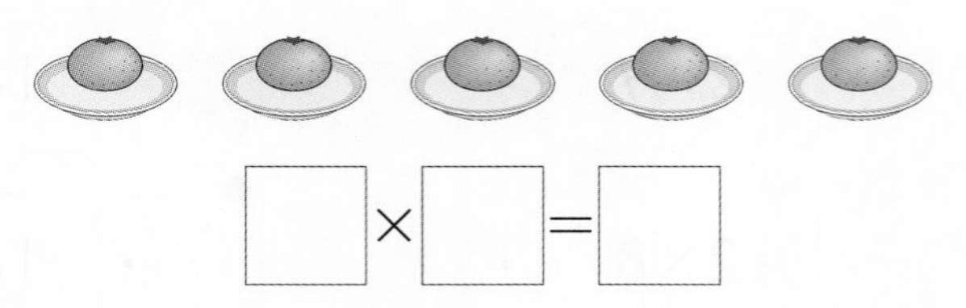

$\square \times \square = \square$

11 □ 안에 알맞은 수를 써넣으세요.

$0 \times 4 = \square$

$8 \times \square = 0$

12 곱셈식이 옳게 되도록 선으로 이어 보세요.

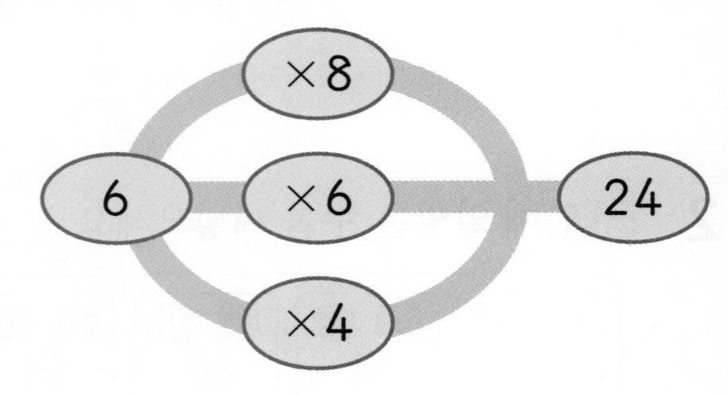

13 색 테이프 한 개의 길이는 2 cm입니다. 색 테이프 5개의 길이는 몇 cm일까요?

2 cm

(　　　　　　　　)

14 빈칸에 알맞은 수를 써넣어 곱셈표를 완성해 보세요.

×	8	9
5		
7		

15 9단 곱셈구구의 값은 어느 것일까요? ································ (　　　)

① 16　② 24　③ 53
④ 63　⑤ 80

16 곱의 크기를 비교하여 ○ 안에 > 또는 <를 알맞게 써넣으세요.

7×0 ○ 1×3

17 두 곱의 합을 구하세요.

1×9　　5×2

(　　　　　　)

18 구슬이 12개 있습니다. □ 안에 알맞은 수를 써넣으세요.

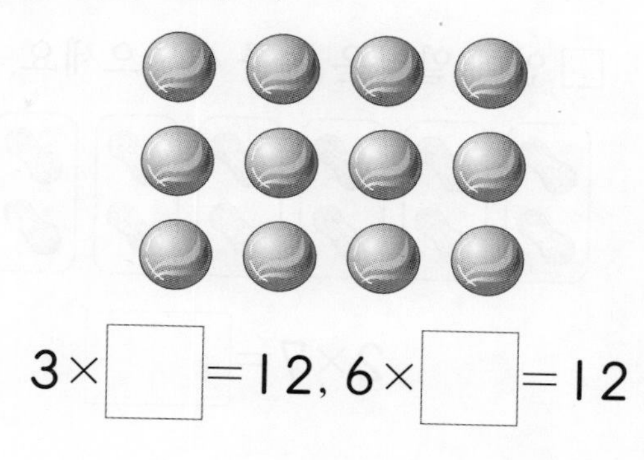

3×□=12, 6×□=12

19 유경이는 초콜릿을 하루에 2개씩 먹습니다. 유경이가 8일 동안 먹은 초콜릿은 모두 몇 개일까요?

(　　　　　　)

20 공원에 3명씩 앉을 수 있는 긴 의자가 5개 있습니다. 모두 몇 명이 앉을 수 있을까요?

(　　　　　　)

난이도 A B C

점수

스피드 정답 3쪽 | 정답 및 풀이 20쪽

1 □ 안에 알맞은 수를 써넣으세요.

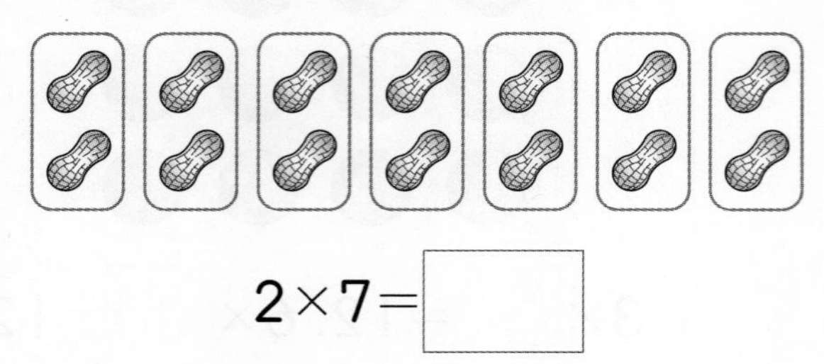

2×7=□

〔2~3〕 2단 곱셈구구를 알아보려고 합니다. 물음에 답하세요.

2 빈칸에 알맞은 수를 써넣으세요.

×	1	2	3	4	5	6	7	8	9
2	2	4							

3 2단 곱셈구구에서 곱하는 수가 1씩 커지면 곱은 얼마씩 커질까요?

(　　　　　　　)

〔4~5〕 □ 안에 알맞은 수를 써넣으세요.

4 5×□=0

5 1×4=□

6 구슬은 모두 몇 개인지 곱셈식으로 나타내 보세요.

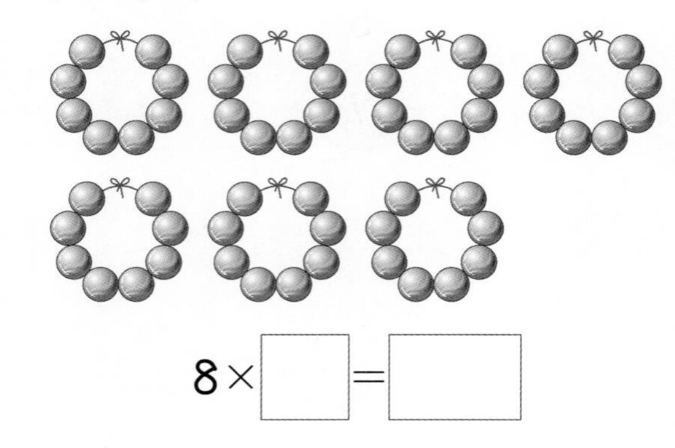

8×□=□

7 4×3을 덧셈으로 바르게 나타낸 것을 찾아 기호를 써 보세요.

㉠ 3+3+3　　㉡ 4+3
㉢ 4+4+4　　㉣ 4+4

(　　　　　　　)

8 빈칸에 알맞은 수를 써넣으세요.

4 × 6 → □
4 × 7 → □

9 빈칸에 알맞은 수를 써넣으세요.

×	2	4	7	8
6				

10 계산 결과를 찾아 선으로 이어 보세요.

7×8 •	• 54
9×5 •	• 56
6×9 •	• 45

11 계산이 잘못된 것은 어느 것일까요?

① 3×4=12 ② 3×5=15
③ 3×7=21 ④ 3×8=24
⑤ 3×9=25

12 □ 안에 알맞은 수를 써넣으세요.

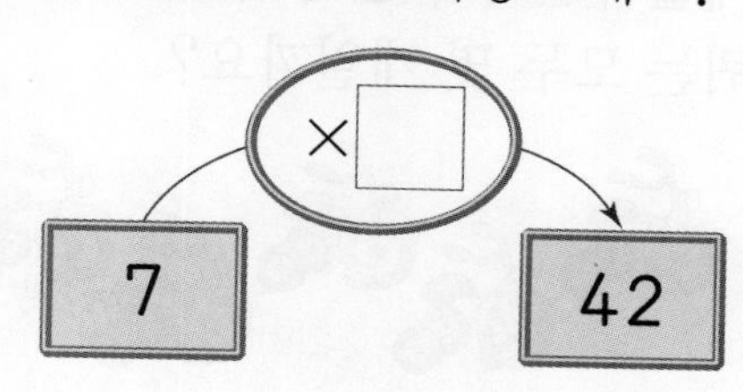

13 곱이 다른 하나에 ○표 하세요.

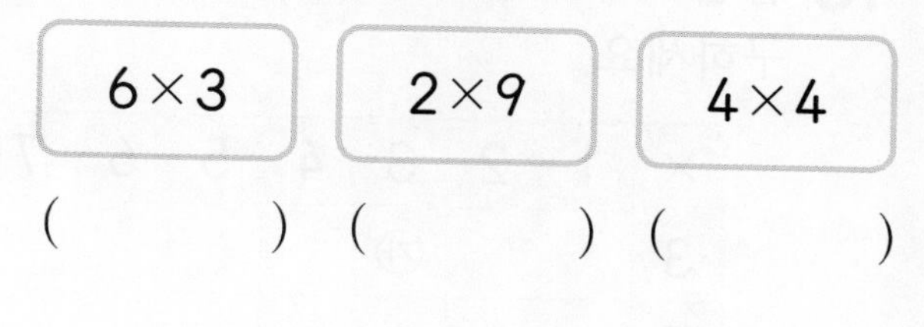

14 5×4는 5×3보다 얼마나 더 큰지 ○를 그려 보고 □ 안에 알맞은 수를 써넣으세요.

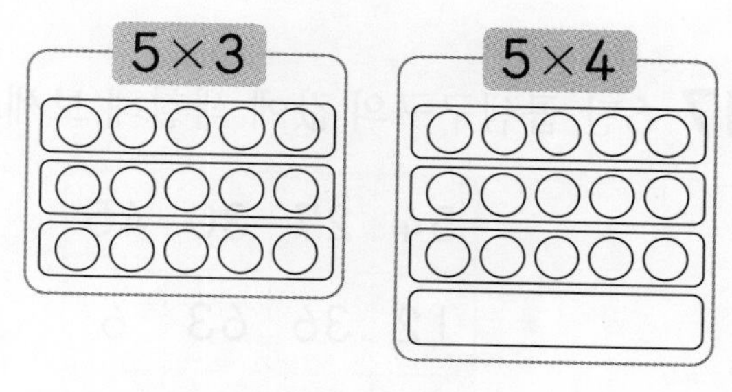

5×4는 5×3보다 □ 만큼 더 큽니다.

15 세발자전거가 6대 있습니다. 자전거 바퀴는 모두 몇 개일까요?

(　　　　　　　　)

16 곱셈표에서 ㉮와 ㉯에 알맞은 수를 각각 구하세요.

×	1	2	3	4	5	6	7
3			㉮				
5							
7							㉯

㉮ (　　　　　　　　)

㉯ (　　　　　　　　)

17 6단 곱셈구구의 값에 색칠해 보세요.

54	27	30	45
12	36	63	6
9	24	8	5
48	56	18	42

18 곱이 큰 것부터 차례대로 기호를 써 보세요.

㉠ 9×2　　㉡ 6×4

㉢ 7×3　　㉣ 3×5

(　　　　　　　　)

19 고양이 한 마리의 다리는 4개입니다. 고양이 8마리의 다리는 모두 몇 개일까요?

(　　　　　　　　)

20 지호는 8살입니다. 삼촌의 나이는 지호 나이의 5배보다 2살 더 적습니다. 삼촌의 나이는 몇 살일까요?

(　　　　　　　　)

단원평가 3회 곱셈구구

난이도 A B C

점수

스피드 정답 3쪽 | 정답 및 풀이 21쪽

1 그림을 보고 □ 안에 알맞은 수를 써넣으세요.

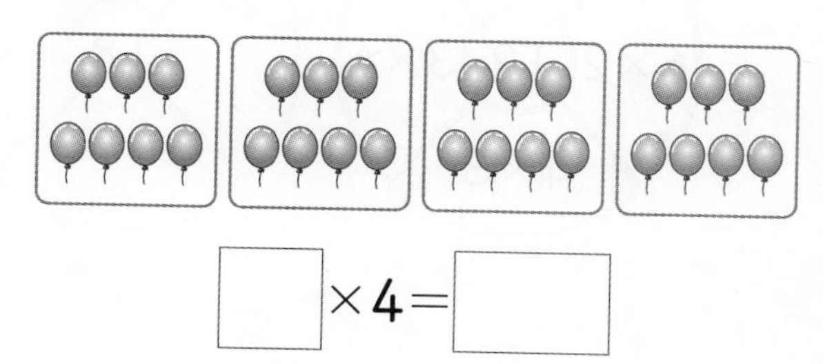

□×4=□

2 빈칸에 ○를 그리고 □ 안에 알맞은 수를 써넣으세요.

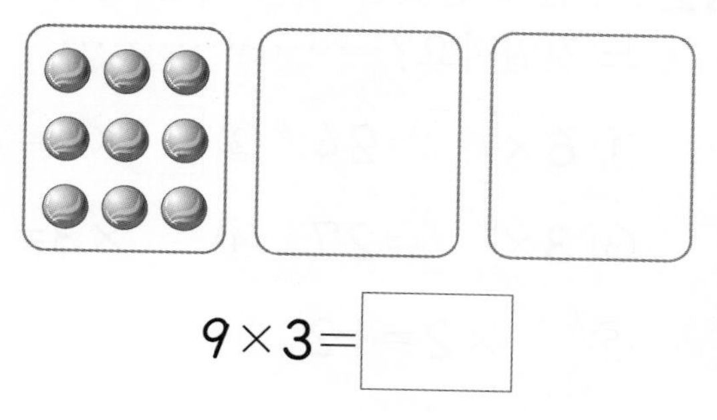

9×3=□

3 □ 안에 알맞은 수를 써넣으세요.

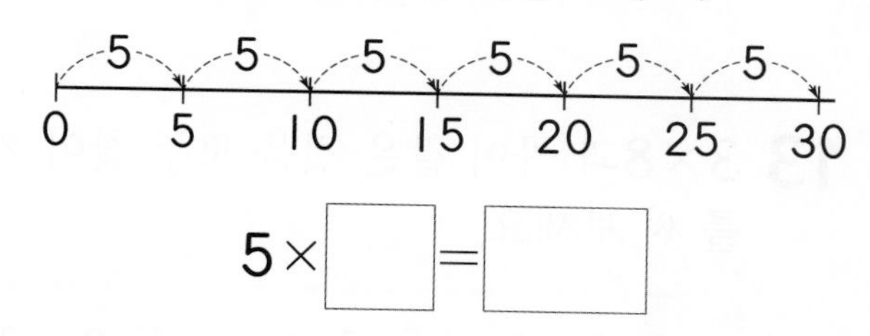

5×□=□

4 □ 안에 알맞은 수를 써넣으세요.

6×□=0

5 초콜릿은 모두 몇 개인지 곱셈식으로 나타내 보세요.

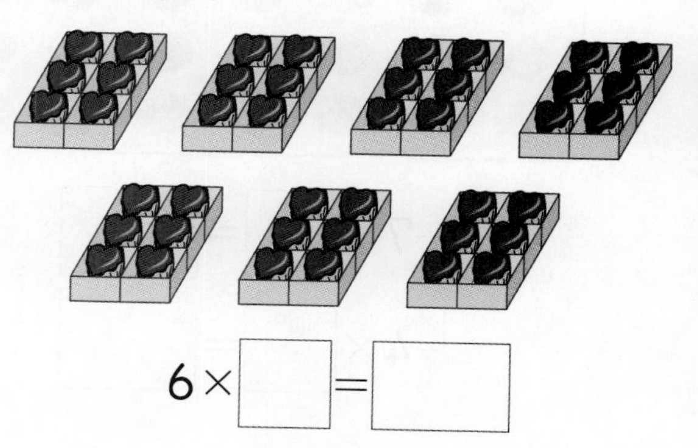

6×□=□

6 빈칸에 알맞은 수를 써넣으세요.

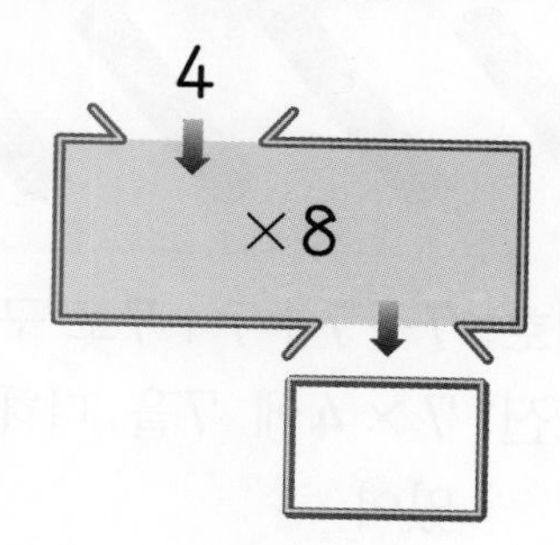

7 빈칸에 알맞은 수를 써넣으세요.

×	1	3	5	7
5				
6				

2 단원

8 그림을 보고 □ 안에 알맞은 수를 써넣으세요.

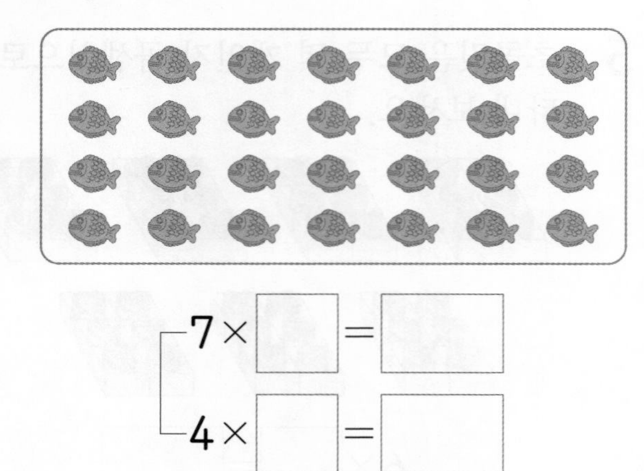

$7\times\square=\square$

$4\times\square=\square$

9 연결 모형의 전체 개수를 옳게 말한 사람의 이름을 써 보세요.

지호: 7+7+7+7로 구할 수 있어.
도진: 7×4에 7을 더해서 구할 수 있어.
수민: 7×6으로 구할 수 있어.

(　　　　　　)

10 두 곱의 차를 구하세요.

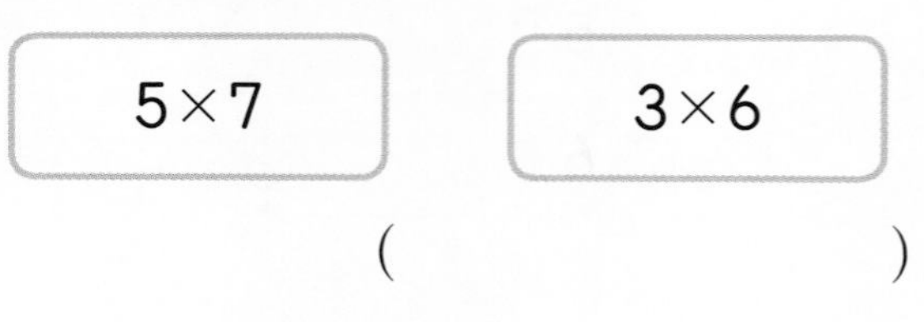

(　　　　　　)

11 왼쪽과 같은 방법으로 곱이 18인 곱셈구구를 찾아 오른쪽 빈칸을 채워 보세요.

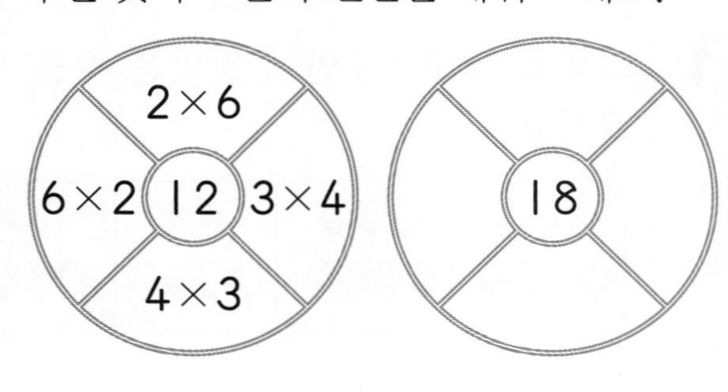

12 □ 안에 알맞은 수가 가장 작은 것은 어느 것일까요? ··················· (　　　)

① $6\times\square=24$　② $\square\times5=40$

③ $3\times\square=27$　④ $\square\times3=9$

⑤ $\square\times2=12$

13 3×8과 곱이 같은 것을 모두 찾아 기호를 써 보세요.

㉠ 3×4	㉡ 5×4	㉢ 8×3
㉣ 7×2	㉤ 6×4	㉥ 3×7

(　　　　　　)

14 ㉠, ㉡에 알맞은 수의 합을 구하세요.

• $7 \times 7 =$ ㉠

• $5 \times$ ㉡ $= 35$

(　　　　　　　　)

15 농구는 한 팀이 5명입니다. 4팀이 농구 경기를 하고 있다면 농구 경기를 하고 있는 선수는 모두 몇 명일까요?

(　　　　　　　　)

[16~17] 유하가 공을 꺼내어 공에 적힌 수만큼 점수를 얻는 놀이를 하였습니다. 유하가 얻은 점수를 알아보세요.

16 유하가 공을 다음과 같이 꺼냈습니다. 빈칸에 알맞은 수를 써넣으세요.

공에 적힌 수	0	1	2	3
꺼낸 횟수(번)	3	4	1	2
점수(점)				

17 유하가 얻은 점수는 모두 몇 점일까요?

(　　　　　　　　)

18 1부터 9까지의 수 중에서 □ 안에 들어갈 수 있는 수는 모두 몇 개일까요?

$8 \times \square < 48$

(　　　　　　　　)

19 어떤 수에 8을 곱해야 할 것을 잘못하여 6을 더했더니 13이 되었습니다. 바르게 계산하면 얼마일까요?

(　　　　　　　　)

서술형

20 승희는 연필을 한 상자에 2자루씩 4상자와 볼펜을 한 상자에 4자루씩 5상자 가지고 있습니다. 승희가 가지고 있는 연필과 볼펜은 모두 몇 자루인지 풀이 과정을 쓰고 답을 구하세요.

풀이

답 ______________

단원평가 4회

곱셈구구

난이도 A B C

점수

스피드 정답 4쪽 | 정답 및 풀이 21쪽

1 그림을 보고 □ 안에 알맞은 수를 써넣으세요.

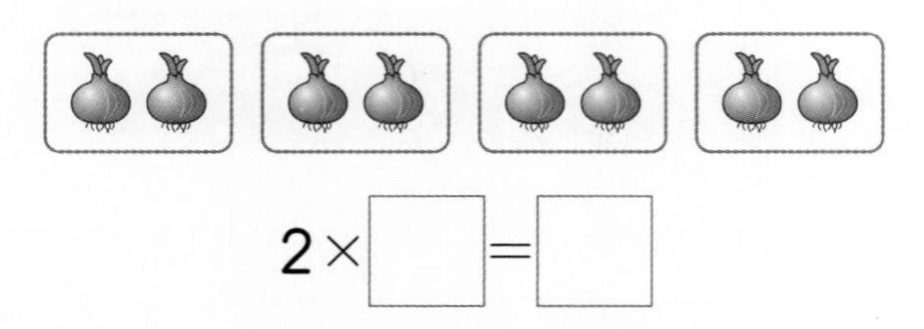

2×□=□

2 □ 안에 알맞은 수를 써넣으세요.

5×9=□

3 곱셈식을 수직선에 나타내고 □ 안에 알맞은 수를 써넣으세요.

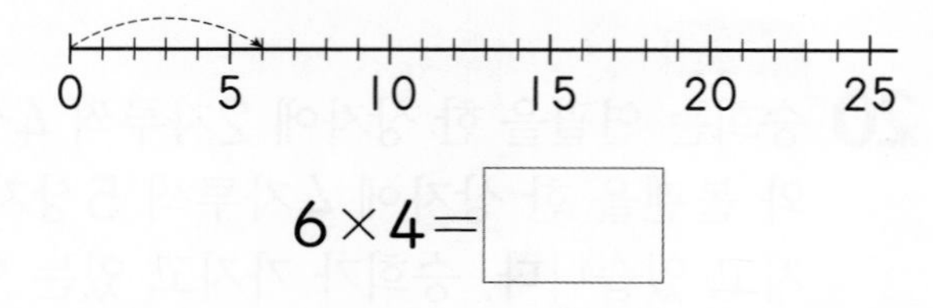

6×4=□

4 곱을 바르게 구한 것에 ○표 하세요.

0×7=7	1×2=2	6×1=1
(　　)	(　　)	(　　)

5 한 상자에 케이크가 1개씩 들어 있습니다. 케이크의 수를 곱셈식으로 나타내 보세요.

(상자 4개)	1×□=□
(상자 7개)	1×□=□

6 빈칸에 알맞은 수를 써넣으세요.

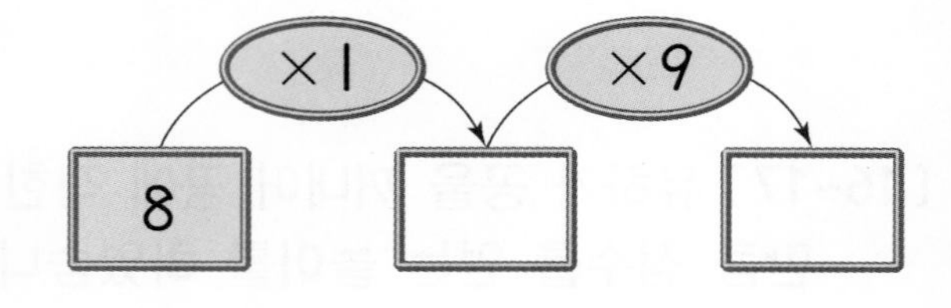

7 ★과 곱이 같은 칸에 색칠해 보세요.

×	5	6	7	8
5				
6				
7				
8		★		

8 □ 안에 알맞은 수를 써넣으세요.

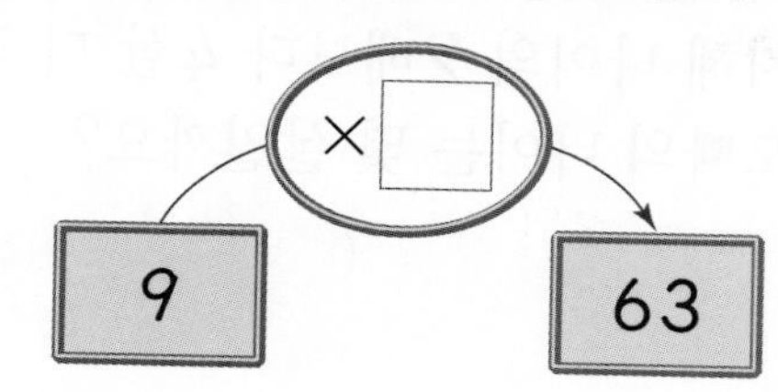

9 다음 중 곱이 가장 큰 것은 어느 것일까요? ⋯⋯⋯⋯⋯⋯⋯⋯⋯⋯ (　　　)

① 9×1　　② 4×2
③ 5×3　　④ 1×8
⑤ 2×7

10 □ 안에 알맞은 수가 가장 큰 것은 어느 것일까요? ⋯⋯⋯⋯⋯⋯⋯⋯ (　　　)

① 9×□=27　② □×4=24
③ □×6=30　④ 2×□=14
⑤ 3×□=27

11 7단 곱셈구구의 값을 모두 선으로 이어 보세요.

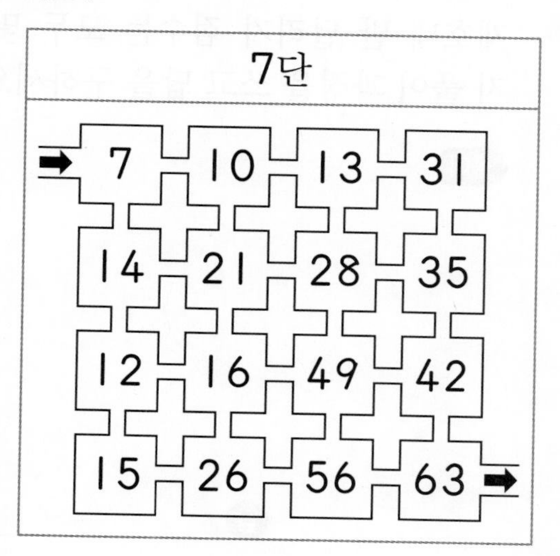

12 복숭아는 모두 몇 개인지 여러 가지 곱셈식으로 나타내 보세요.

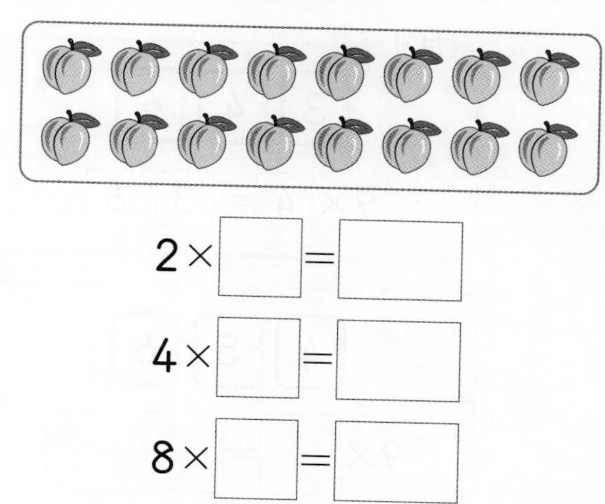

2×□=□

4×□=□

8×□=□

13 참외가 모두 몇 개인지 알아보는 방법으로 옳은 것을 모두 찾아 기호를 써 보세요.

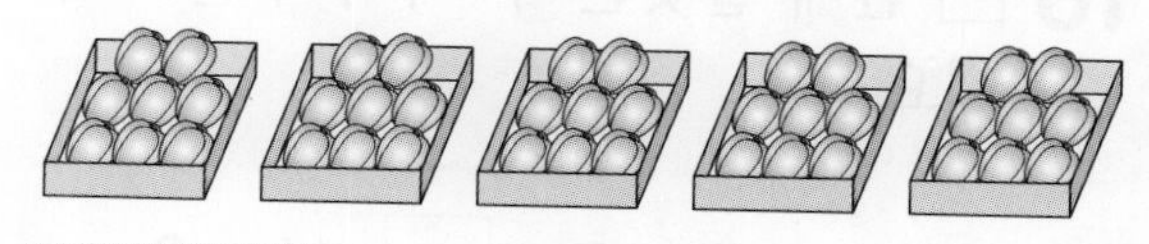

㉠ 8씩 5번 더해서 구합니다.
㉡ 8×3에 8을 더해서 구합니다.
㉢ 4×8의 곱으로 구합니다.
㉣ 8×5를 이용하여 구합니다.

(　　　　　　　　　)

14 어린이 한 명이 풍선을 3개씩 들고 있습니다. 5명의 어린이가 들고 있는 풍선은 모두 몇 개일까요?

(　　　　　　　　　)

15 보기 와 같이 수 카드를 한 번씩만 사용하여 □ 안에 알맞은 수를 써넣으세요.

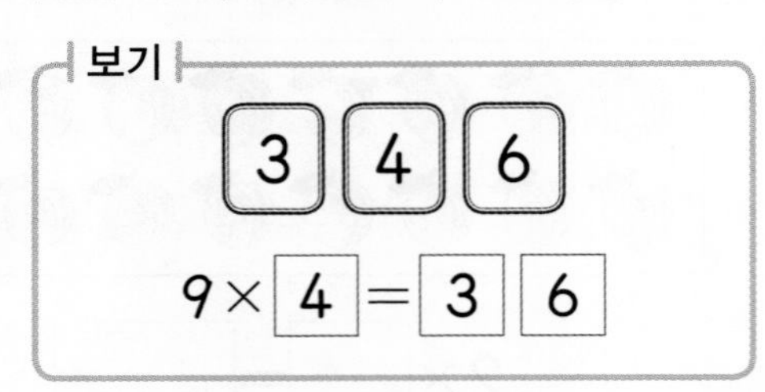

4 5 6

9×□=□□

16 □ 안에 알맞은 두 자리 수를 모두 구하세요.

$7\times7<\square<6\times9$

(　　　　　　　)

17 과일 가게에서 사과는 한 상자에 8개씩, 멜론은 한 상자에 4개씩 담아서 팔고 있습니다. 어머니가 사과 3상자와 멜론 2상자를 사 오셨다면 어머니가 사 오신 사과와 멜론은 모두 몇 개일까요?

(　　　　　　　)

18 지혜의 나이는 9살이고, 오빠의 나이는 지혜 나이의 2배보다 4살 더 적습니다. 오빠의 나이는 몇 살일까요?

(　　　　　　　)

19 사탕이 한 봉지에 6개씩 6봉지가 있습니다. 이 사탕을 한 봉지에 4개씩 넣으면 모두 몇 봉지가 될까요?

(　　　　　　　)

서술형

20 달리기 경기에서 1등은 4점, 2등은 3점, 3등은 1점을 얻습니다. 재호네 반은 1등이 7명, 2등이 4명, 3등이 8명입니다. 재호네 반 달리기 점수는 모두 몇 점인지 풀이 과정을 쓰고 답을 구하세요.

풀이

답 ________________

단원평가 5회 곱셈구구

난이도 A B C

점수

스피드 정답 4쪽 | 정답 및 풀이 22쪽

1 □ 안에 알맞은 수를 써넣으세요.

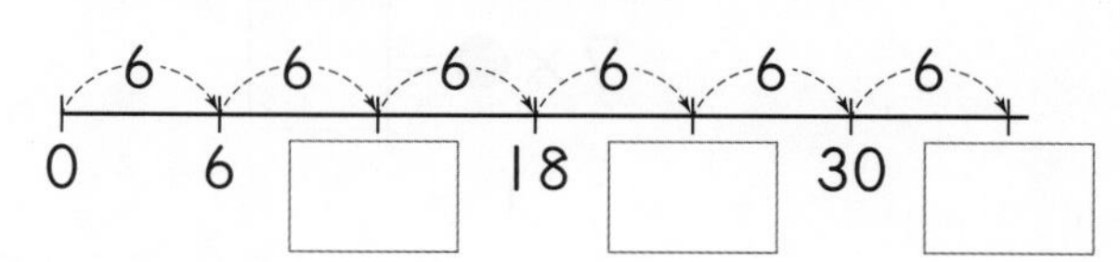

2 빈칸에 알맞은 수를 써넣으세요.

×	2	5	6	9
8				

3 계산 결과를 찾아 선으로 이어 보세요.

5×7 •	• 32
8×4 •	• 0
6×0 •	• 35

4 9×7보다 9만큼 더 큰 수는 얼마일까요?

( )

5 4단 곱셈구구의 값을 모두 찾아 ○표 하세요.

14 28 16 38 20

6 곱이 50보다 큰 것을 찾아 기호를 써 보세요.

㉠ 6×8 ㉡ 9×5 ㉢ 8×7

( )

7 곱셈을 이용하여 빈칸에 알맞은 수를 써넣으세요.

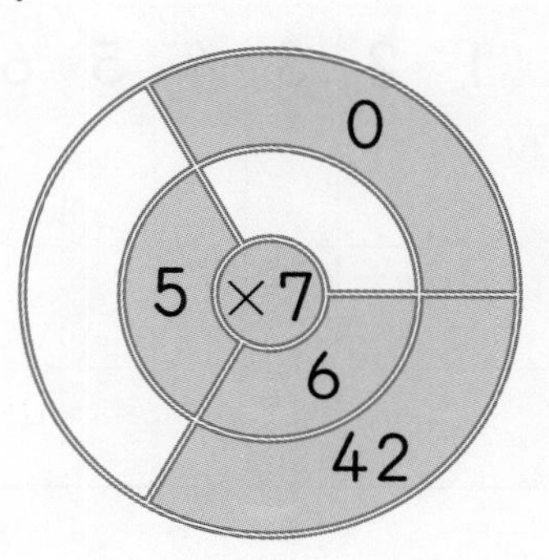

8 곱이 작은 것부터 차례대로 기호를 써 보세요.

㉠ 5×4　㉡ 6×5　㉢ 9×2

(　　　　　　)

9 삼각형에 쓰인 두 수의 곱을 구하세요.

△3　□7　○5　◺8

(　　　　　　)

10 곱셈표를 완성하고 곱이 30보다 큰 칸에 색칠해 보세요.

×	1	2	3	4	5	6	7	8	9
4									
5									
6									

11 계산한 값이 가장 작게 나오도록 ●에 알맞은 수를 구하고 □ 안에 알맞은 수를 써넣으세요.

$7\times$●$=$□

(　　　　　　)

12 ㉮와 ㉯의 곱을 구하세요.

$7\times9=9\times$㉮
$6\times4=3\times$㉯

(　　　　　　)

13 한 명이 공깃돌을 5개씩 가지고 있습니다. 8명의 친구들이 가지고 있는 공깃돌은 모두 몇 개일까요?

(　　　　　　)

14 어떤 수에 6을 곱했더니 42가 되었습니다. 어떤 수는 얼마일까요?

(　　　　　　)

15 □ 안에 들어갈 수 있는 가장 작은 두 자리 수를 구하세요.

$8 \times 8 < \square$

( )

16 방울토마토를 한 접시에 9개씩 5접시에 담으려고 하였더니 3개가 모자랐습니다. 방울토마토는 몇 개일까요?

( )

서술형

17 민주가 공을 꺼내어 공에 적힌 수만큼 점수를 얻는 놀이를 하였습니다. 민주가 공을 다음과 같이 꺼냈을 때 얻은 점수는 모두 몇 점인지 풀이 과정을 쓰고 답을 구하세요.

공에 적힌 수	0	1	2	3
꺼낸 횟수(번)	4	3	1	2

풀이

답

18 주아와 하준이가 아래와 같이 과녁을 맞혔습니다. 점수가 더 높은 사람은 누구일까요?

주아: 1점씩 5번, 3점씩 4번
하준: 1점씩 3번, 3점씩 6번

( )

19 주사위 2개를 동시에 던졌더니 두 눈의 수의 합이 9였습니다. 이때 두 눈의 수의 곱이 가장 큰 경우를 찾아 그 곱을 써 보세요.

( )

서술형

20 강당에 6명씩 앉을 수 있는 의자가 7개, 8명씩 앉을 수 있는 의자가 9개 있습니다. 강당 의자에 앉을 수 있는 사람은 모두 몇 명인지 풀이 과정을 쓰고 답을 구하세요.

풀이

답

서술형 평가 ① 곱셈구구

스피드 정답 4쪽 | 정답 및 풀이 22쪽

1 호빵을 한 봉지에 4개씩 담았습니다. 7봉지에 담은 호빵은 모두 몇 개인지 구하세요.

❶ 4개씩 7봉지를 곱셈식으로 나타내 보세요.

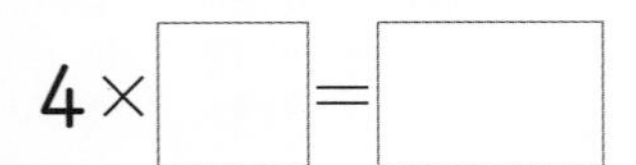

❷ 호빵은 모두 몇 개일까요?

( )

2 강당에 친구들이 한 줄에 7명씩 9줄로 서 있습니다. 강당에 서 있는 친구들은 모두 몇 명인지 구하세요.

❶ 7명씩 9줄을 곱셈식으로 나타내 보세요.

곱셈식 ______________________

❷ 강당에 서 있는 친구들은 모두 몇 명일까요?

( )

3 책꽂이에 위인전이 6권씩 4칸, 동화책이 5권씩 3칸 꽂혀 있습니다. 책꽂이에 꽂혀 있는 위인전과 동화책은 모두 몇 권인지 구하세요.

❶ 위인전은 몇 권일까요?

( )

❷ 동화책은 몇 권일까요?

( )

❸ 책꽂이에 꽂혀 있는 위인전과 동화책은 모두 몇 권일까요?

( )

4 다음 곱셈표에서 ◆와 ★에 알맞은 수의 합을 구하세요.

×	1	2	3	4	5
8	8	16		◆	
9	9	18			★

❶ ◆는 얼마일까요?

( )

❷ ★은 얼마일까요?

( )

❸ ◆+★은 얼마일까요?

( )

1 개미 한 마리의 다리는 6개입니다. 개미 7마리의 다리는 모두 몇 개인지 풀이 과정을 쓰고 답을 구하세요.

풀이

답 ______________

어떻게 풀까요?

개미 한 마리의 다리가 6개이므로 개미 ■마리의 다리는 (6×■)개입니다.

2 빨간색 빨대는 7개씩 5묶음, 초록색 빨대는 6개씩 3묶음 있습니다. 빨간색 빨대는 초록색 빨대보다 몇 개 더 많은지 풀이 과정을 쓰고 답을 구하세요.

풀이

답 ______________

어떻게 풀까요?

■씩 ▲묶음은 ■×▲로 나타냅니다.

3 꿀떡을 한 접시에 9개씩 담으려고 합니다. 꿀떡이 모두 54개 있다면 필요한 접시는 몇 개인지 풀이 과정을 쓰고 답을 구하세요.

풀이

답 ______________

> 어떻게 풀까요?
> 필요한 접시의 수를 □개라 하여 곱셈식으로 나타내 봅니다.

4 과녁 맞히기 놀이에서 민정이는 1점에 2번, 3점에 3번, 5점에 4번을 맞혔습니다. 민정이가 얻은 점수는 모두 몇 점인지 풀이 과정을 쓰고 답을 구하세요.

풀이

답 ______________

> 어떻게 풀까요?
> 먼저 1점, 3점, 5점짜리 과녁을 맞혀서 얻은 점수를 각각 구합니다.

2 단원

스피드 정답 4쪽 | 정답 및 풀이 23쪽

1 현지의 나이는 9살입니다. 현지 어머니는 현지 나이의 4배보다 2살 더 많다고 합니다. 현지 어머니의 나이는 몇 살일까요?

(   )

2 배는 한 상자에 8개씩, 참외는 한 상자에 7개씩 담겨 있습니다. 배 2상자와 참외 3상자에 들어 있는 과일은 모두 몇 개일까요?

(   )

3 그림을 보고 만들 수 있는 곱셈식을 모두 고르세요. ……………… (   )

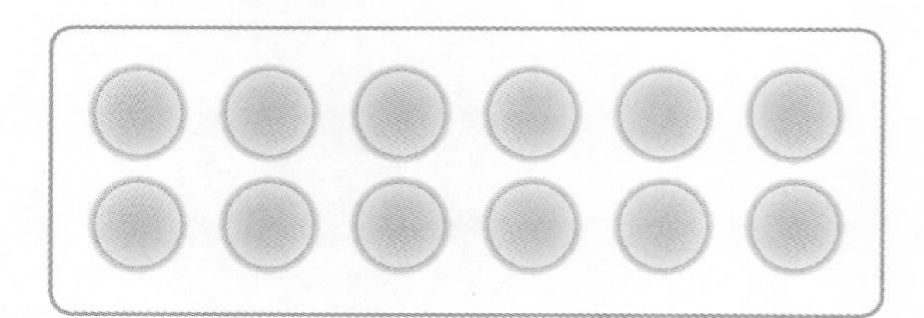

① 2×8　② 3×4
③ 4×4　④ 5×3
⑤ 6×2

4 두발자전거 4대와 세발자전거 5대가 있습니다. 자전거의 바퀴는 모두 몇 개일까요?

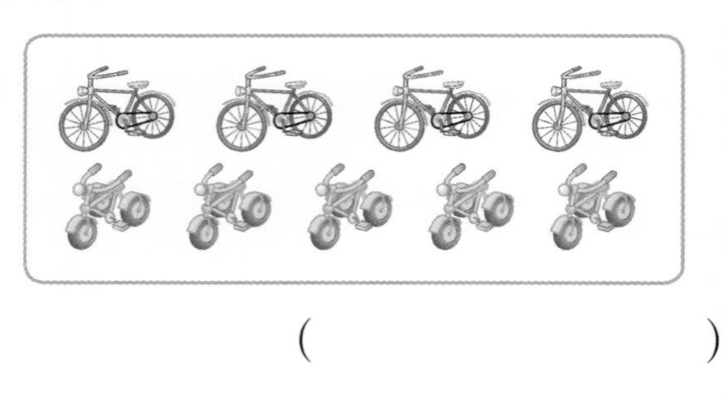

(   )

5 주사위를 굴려서 나온 눈의 수만큼 점수를 얻습니다. 주사위의 눈이 다음과 같이 나왔을 때 얻은 점수는 모두 몇 점일까요?

주사위 눈	⚂	⚃
나온 횟수(번)	2	5

(   )

길이 재기

개념정리 56
쪽지시험 57
단원평가 1회 난이도 A 59
단원평가 2회 난이도 A 62
단원평가 3회 난이도 B 65
단원평가 4회 난이도 B 68
단원평가 5회 난이도 C 71
단계별로 연습하는 서술형 평가 ❶ 74
풀이 과정을 직접 쓰는 서술형 평가 ❷ 76
밀크티 성취도 평가 오답 베스트 5 78

3단원 개념정리 길이 재기

개념 1 cm보다 더 큰 단위 알아보기

(1) 1 m 알아보기

- 100 cm는 1 m와 같습니다.
- 1 m는 1미터라고 읽습니다.

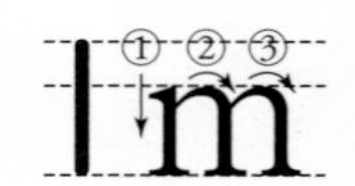

100 cm=1 m

(2) 몇 m 몇 cm 알아보기

- 135 cm는 1 m보다 35 cm 더 깁니다.
- 135 cm를 1 m 35 cm라고도 씁니다.
- 1 m 35 cm를 1미터 35센티미터라고 읽습니다.

135 cm=1 m 35 cm

개념 2 자로 길이를 재어 보기

줄자를 사용하여 길이 재는 방법

① 책상의 한끝을 줄자의 눈금 0에 맞춥니다.
② 책상의 다른 쪽 끝에 있는 줄자의 눈금을 읽습니다. 눈금이 120이면 책상의 길이는 '120 cm' 또는 '1 m 20 cm'입니다.

개념 3 길이의 합

예)

	2 m	10 cm
+	6 m	30 cm
	❶ ☐ m	❷ ☐ cm

개념 4 길이의 차

예)

	9 m	80 cm
−	3 m	50 cm
	❸ ☐ m	❹ ☐ cm

개념 5 길이 어림하기 (1)

1 m보다 긴 길이를 어림하기 위하여 내 몸에서 1 m를 찾아봅니다.

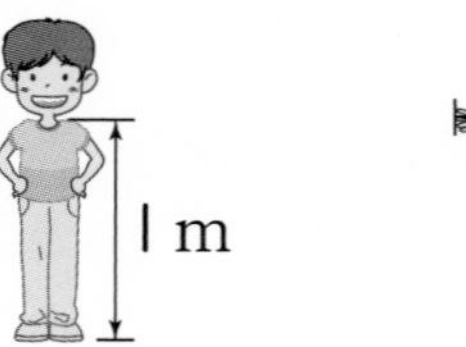

키에서 약 1 m 찾기　　양팔을 벌린 길이에서 약 1 m 찾기

개념 6 길이 어림하기 (2)

10 m 길이를 어림하기

지윤이의 한 걸음인 약 50 cm로 20걸음 정도라고 어림할 수 있습니다.

| 정답 | ❶ 8 ❷ 40 ❸ 6 ❹ 30

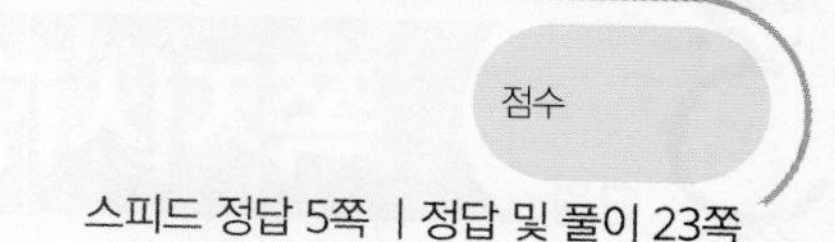

쪽지시험 1회 길이 재기

점수

스피드 정답 5쪽 | 정답 및 풀이 23쪽

1 □ 안에 알맞은 수를 써넣으세요.

□ cm를 1미터라고 합니다.

2 □ 안에 알맞은 수를 써넣으세요.

2 m=□ cm

3 길이를 읽어 보세요.

6 m 19 cm

(　　　　　　)

(4~5) □ 안에 알맞은 수를 써넣으세요.

4 342 cm=□ m □ cm

5 5 m 30 cm=□ cm

6 자의 눈금을 읽어 보세요.

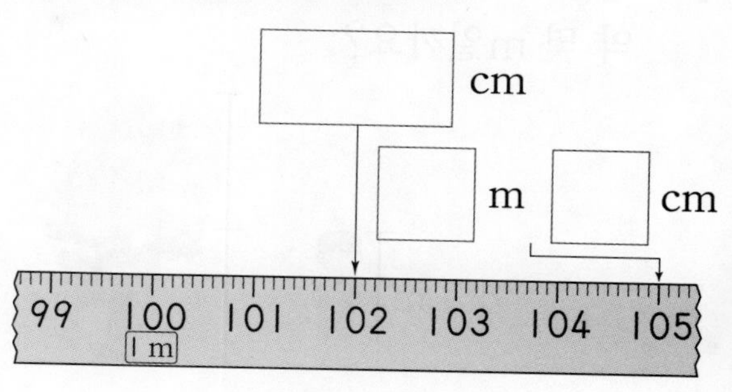

7 길이가 가장 긴 것의 기호를 써 보세요.

㉠ 350 cm
㉡ 3 m 52 cm
㉢ 3 m 25 cm

(　　　　　　)

8 □ 안에 알맞은 수를 써넣으세요.

5 m 20 cm+3 m 40 cm
=□ m □ cm

(9~10) 계산해 보세요.

9

	2 m	30 cm
+	6 m	30 cm
	□ m	□ cm

10

	4 m	27 cm
+	5 m	54 cm
	□ m	□ cm

쪽지시험 2회 길이 재기

점수

스피드 정답 5쪽 | 정답 및 풀이 23쪽

1 영호의 키가 약 1 m일 때 나무의 높이는 약 몇 m일까요?

약 (　　　　　　)

2 주어진 1 m로 끈의 길이를 어림하였습니다. 어림한 끈의 길이는 약 몇 m일까요?

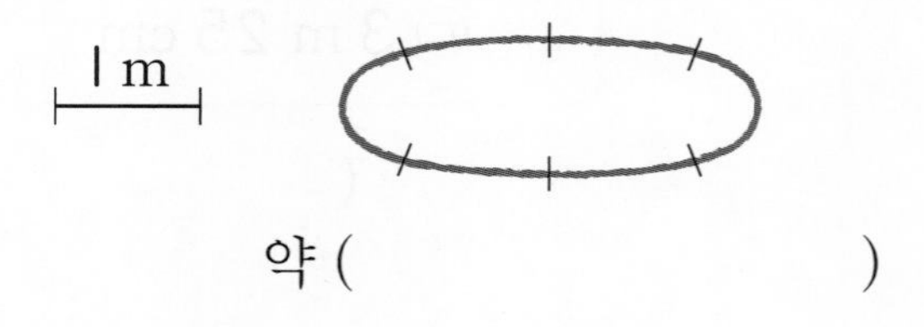

약 (　　　　　　)

[3~5] 계산해 보세요.

3

	5 m	36 cm
−	2 m	14 cm
	□ m	□ cm

4

	7 m	52 cm
−	3 m	47 cm
	□ m	□ cm

5

	8 m	76 cm
−	1 m	25 cm
	□ m	□ cm

[6~7] 계산해 보세요.

6 5 m 45 cm − 2 m 13 cm

7 9 m 30 cm − 2 m 6 cm

8 내 키보다 짧은 물건들을 주변에서 찾아 2개 써 보세요.

(　　　　　　)

9 내 키보다 높거나 긴 것을 모두 찾아 기호를 써 보세요.

㉠ 교실 문의 높이 ㉡ 식탁의 높이
㉢ 세면대의 높이 ㉣ 전봇대의 높이

(　　　　　　)

10 30 m의 길이를 어림하는 방법으로 알맞지 않은 것의 기호를 써 보세요.

㉠ 약 3 m인 끈으로 10번 정도 어림했습니다.

㉡ 양팔을 벌린 길이가 약 130 cm인데 양팔을 벌린 길이로 10번 정도 어림했습니다.

(　　　　　　)

단원평가 1회 길이 재기

난이도 A B C

점수

스피드 정답 5쪽 | 정답 및 풀이 23쪽

1 길이를 바르게 써 보세요.

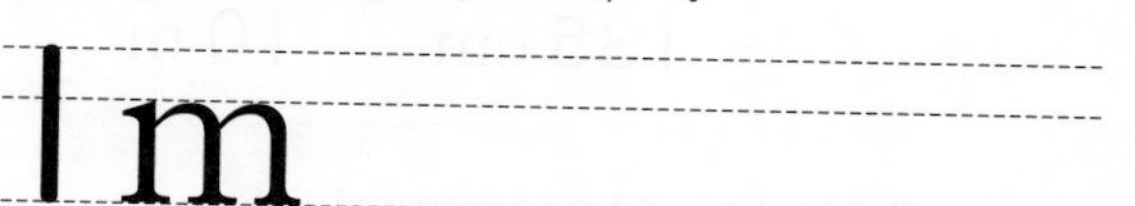

2 길이를 읽어 보세요.

4 m 65 cm

(　　　　　　　　　　)

[3~4] □ 안에 알맞은 수를 써넣으세요.

3 3 m=□cm

4 543 cm=□m □cm

5 cm와 m 중 알맞은 단위를 □ 안에 써넣으세요.

• 칠판 긴 쪽의 길이는 약 3 □입니다.

• 교실 문의 높이는 약 220 □입니다.

[6~7] 계산해 보세요.

6

	2 m	24 cm
+	4 m	31 cm
	□ m	□ cm

7

	6 m	13 cm
+	2 m	46 cm
	□ m	□ cm

8 m로 나타내기에 알맞지 않은 것은 어느 것일까요? ⋯⋯⋯⋯⋯⋯⋯ (　　　)

① 학교 건물의 높이
② 숟가락의 길이
③ 비행기의 길이
④ 시소의 길이
⑤ 축구 골대의 길이

〔9~10〕 계산해 보세요.

9

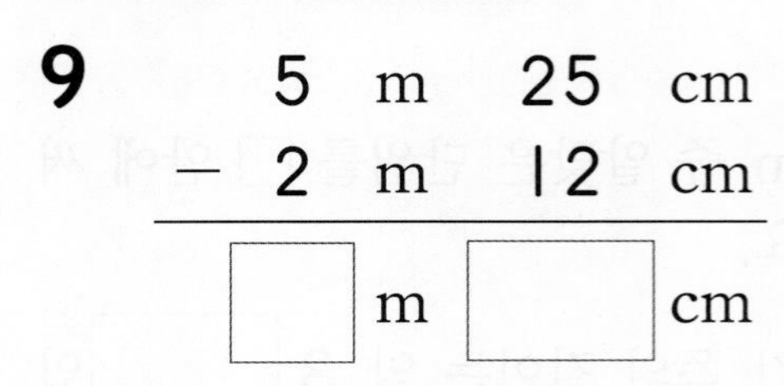

$$\begin{array}{r} 5\text{ m }\ 25\text{ cm} \\ -\ 2\text{ m }\ 12\text{ cm} \\ \hline \square\text{ m }\ \square\text{ cm} \end{array}$$

10

$$\begin{array}{r} 8\text{ m }\ 68\text{ cm} \\ -\ 7\text{ m }\ 37\text{ cm} \\ \hline \square\text{ m }\ \square\text{ cm} \end{array}$$

11 줄자를 사용하여 책상의 길이를 재었습니다. 책상의 길이는 몇 m 몇 cm일까요?

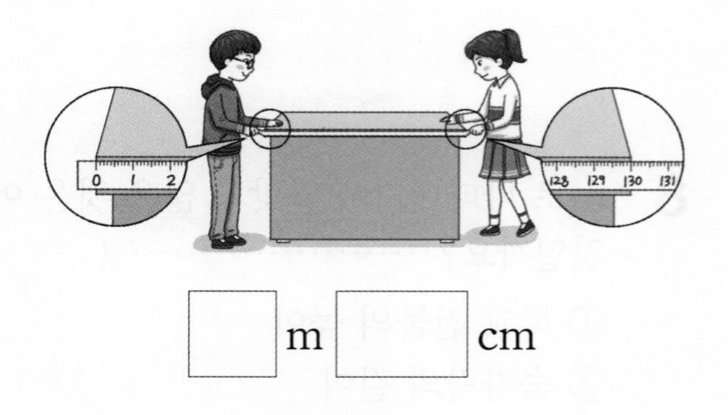

□ m □ cm

12 보기 에서 알맞은 길이를 골라 문장을 완성해 보세요.

보기
135 cm 10 m

• 2학년인 한영이의 키는 약 □ 입니다.

• 버스의 길이는 약 □ 입니다.

13 수 카드 3장을 한 번씩만 사용하여 가장 긴 길이를 써 보세요.

2 6 3

□ m □□ cm

14 학교 운동장 긴 쪽의 길이를 재려고 합니다. 다음 방법으로 잴 때 여러 번 재어야 하는 것부터 차례대로 기호를 써 보세요.

(   )

15 몇 m 몇 cm인지 빈칸에 써넣으세요.

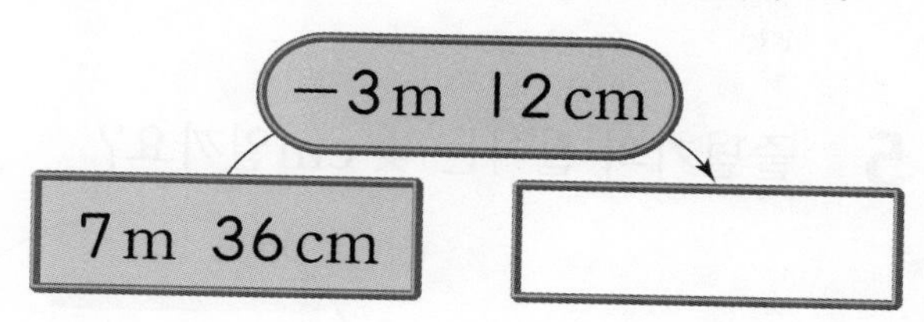

16 길이가 5 m보다 긴 것을 찾아 기호를 써 보세요.

> ㉠ 교실 문의 높이
> ㉡ 야구 방망이의 길이
> ㉢ 기차의 길이
> ㉣ 식탁의 높이

( )

17 유경이와 친구들의 키를 나타낸 것입니다. 키가 큰 학생부터 차례대로 이름을 써 보세요.

> 유경: 138 cm
> 은진: 1 m 27 cm
> 지아: 1 m 5 cm
> 승호: 124 cm

( )

18 테이프의 전체 길이를 구하세요.

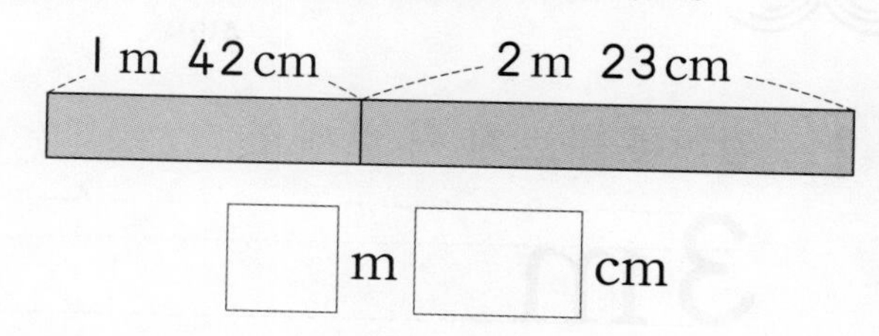

☐ m ☐ cm

19 두 막대의 길이가 각각 5 m 30 cm, 4 m 60 cm입니다. 두 막대의 길이의 합은 몇 m 몇 cm일까요?

( )

20 길이가 1 m 13 cm인 고무줄이 있습니다. 이 고무줄을 양쪽에서 잡아당겼더니 3 m 76 cm가 되었습니다. 늘어난 길이는 몇 m 몇 cm일까요?

( )

단원평가 2회

길이 재기

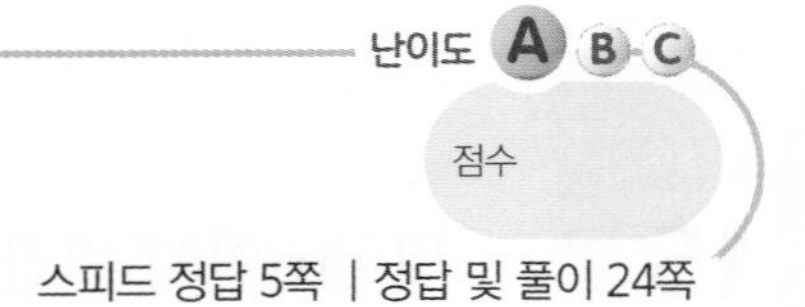

스피드 정답 5쪽 | 정답 및 풀이 24쪽

1 길이를 바르게 써 보세요.

3 m

[2~3] □ 안에 알맞은 수를 써넣으세요.

2 203 cm=□ m □ cm

3 4 m 60 cm=□ cm

4 알맞은 말에 ○표 하세요.

교실 문의 긴 쪽의 길이는 1 m보다 (깁니다 , 짧습니다).

5 줄넘기의 길이는 몇 cm일까요?

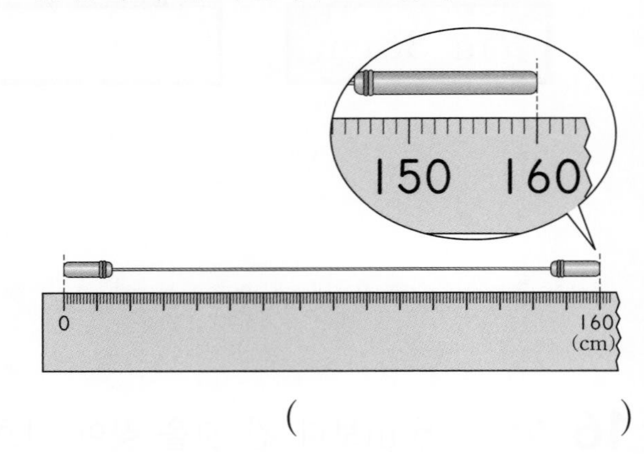

(　　　　　　　)

[6~7] 계산해 보세요.

6

$$\begin{array}{rrrr} & 7 \text{ m} & 32 \text{ cm} \\ + & 2 \text{ m} & 45 \text{ cm} \\ \hline & \square \text{ m} & \square \text{ cm} \end{array}$$

7

$$\begin{array}{rrrr} & 5 \text{ m} & 12 \text{ cm} \\ + & 3 \text{ m} & 46 \text{ cm} \\ \hline & \square \text{ m} & \square \text{ cm} \end{array}$$

8 그림을 보고 두 테이프의 길이의 차를 알아보세요.

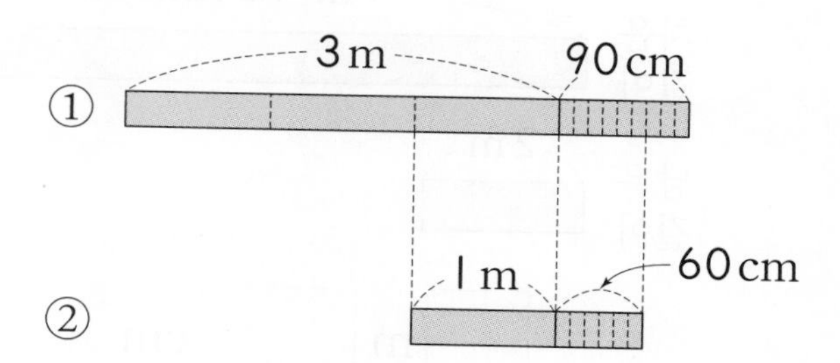

(1) ①번 테이프의 길이는

□ m □ cm입니다.

(2) ②번 테이프의 길이는

□ m □ cm입니다.

(3) 두 테이프의 길이의 차는

3 m 90 cm − 1 m 60 cm

= □ m □ cm입니다.

[9~10] 계산해 보세요.

9

	9 m	70 cm
−	2 m	40 cm
	□ m	□ cm

10

	13 m	78 cm
−	5 m	64 cm
	□ m	□ cm

11 2 m가 넘는 것에 ○표 하세요.

- 동생의 키 ( )
- 기차 한 칸의 길이 ( )
- 우산의 길이 ( )

12 길이의 차를 구하세요.

6 m 42 cm − 5 m 28 cm

13 몇 m 몇 cm인지 빈칸에 써넣으세요.

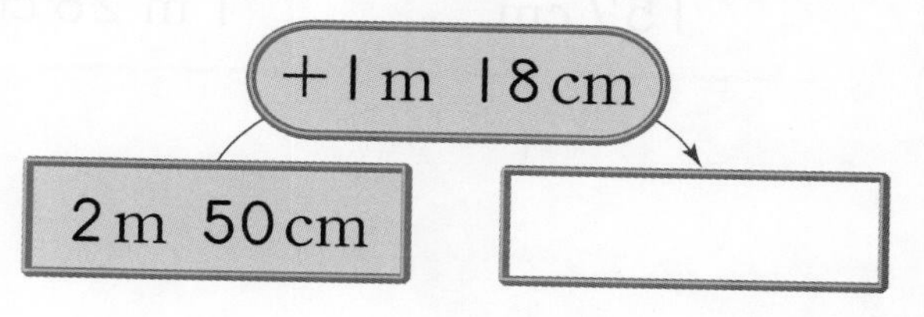

14 바르게 나타낸 풍선에 ○표 하세요.

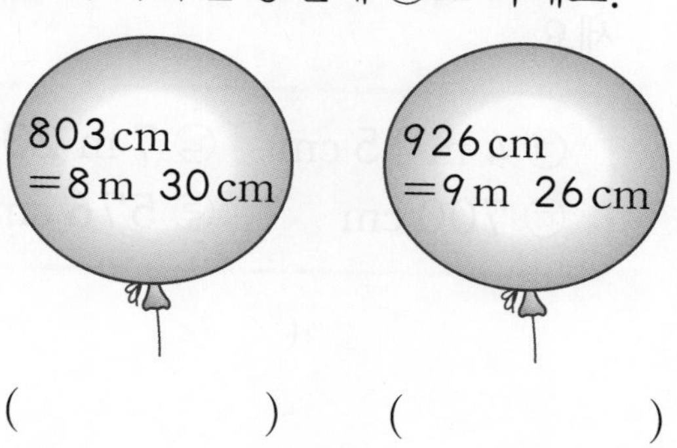

( ) ( )

15 길이가 1 m보다 짧은 것을 모두 찾아 기호를 써 보세요.

㉠ 한 뼘의 길이
㉡ 교실 문의 높이
㉢ 젓가락의 길이
㉣ 버스의 길이
㉤ 발바닥에서 무릎까지의 길이

( )

16 두 길이의 합은 몇 m 몇 cm일까요?

157 cm	1 m 26 cm

( )

17 길이가 가장 긴 것을 찾아 기호를 써 보세요.

㉠ 4 m 15 cm　㉡ 7 m 20 cm
㉢ 700 cm　㉣ 576 cm

( )

18 사용한 테이프의 길이를 구하세요.

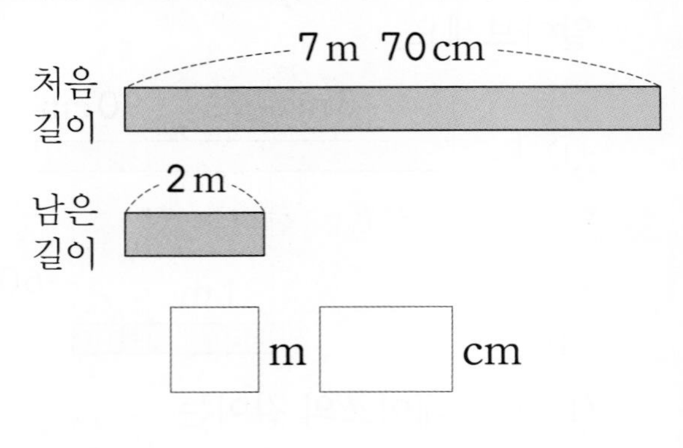

☐ m ☐ cm

19 미현이네 집 냉장고의 높이를 1 m짜리 막대로 재어 보니 막대로 2번 재고 약 30 cm 남았습니다. 미현이네 냉장고의 높이는 약 몇 m 몇 cm일까요?

약 ( )

20 길이가 2 m 36 cm인 밧줄과 3 m 54 cm인 밧줄을 겹치지 않게 이었습니다. 이은 밧줄의 전체 길이는 몇 m 몇 cm일까요?

( )

[1~2] □ 안에 알맞은 수를 써넣으세요.

1 400 cm=□ m

2 507 cm=□ m □ cm

3 다음 길이를 바르게 읽은 것은 어느 것일까요? ·························· (　　　)

3 m 8 cm

① 38미터
② 3미터 8센티미터
③ 308미터
④ 38센티미터
⑤ 3센티미터 8미터

4 준하 동생의 키가 약 1 m일 때 나무의 높이는 약 몇 m일까요?

약 (　　　　　　　　　　　)

5 □ 안에 알맞은 수를 써넣으세요.

4 m 20 cm+3 m 50 cm
=□ m □ cm

[6~7] 계산해 보세요.

6

$$\begin{array}{r} 2\text{ m } 67\text{ cm} \\ +\ 6\text{ m } 24\text{ cm} \\ \hline \end{array}$$

7

$$\begin{array}{r} 4\text{ m } 37\text{ cm} \\ +\ 2\text{ m } 46\text{ cm} \\ \hline \end{array}$$

3 단원

〔8~9〕 계산해 보세요.

8

$$\begin{array}{r} 5\text{ m }67\text{ cm} \\ -\ 1\text{ m }43\text{ cm} \\ \hline \end{array}$$

9

$$\begin{array}{r} 6\text{ m }75\text{ cm} \\ -\ 3\text{ m }48\text{ cm} \\ \hline \end{array}$$

10 집에서 길이가 약 2 m인 물건을 찾아 2개 써 보세요.

(　　　　　　　　　　)

11 □ 안에 알맞은 수를 써넣으세요.

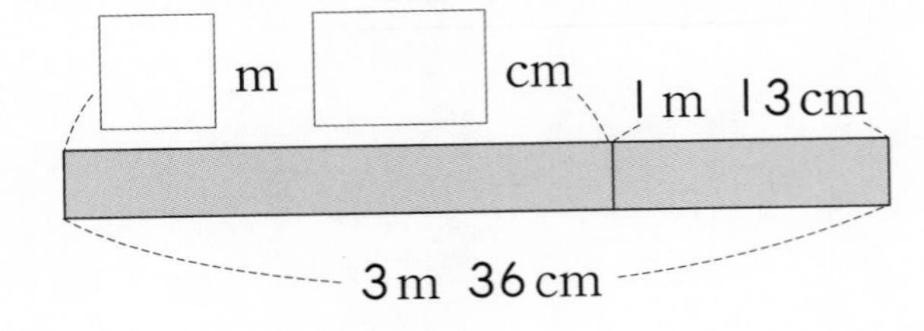

12 바퀴의 높이가 1 m일 때 트럭의 높이는 약 몇 m일까요?

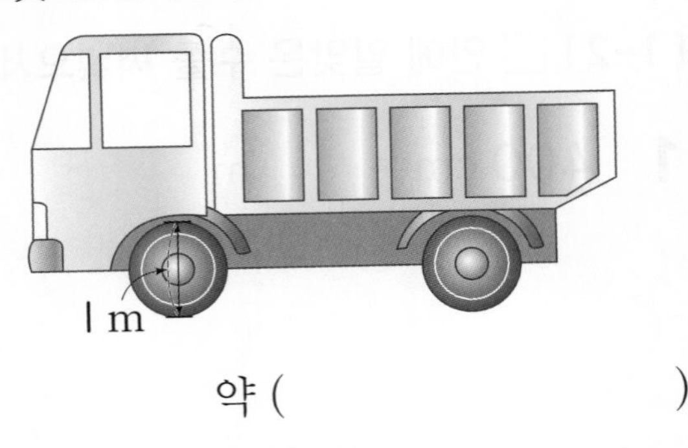

약 (　　　　　　　　)

13 경수가 가지고 있는 리본의 길이는 1 m 36 cm입니다. 경수가 가지고 있는 리본의 길이는 몇 cm일까요?

(　　　　　　　　)

14 cm와 m 중 알맞은 단위를 □ 안에 써넣으세요.

- 색연필의 길이는 약 17 □ 입니다.
- 냉장고의 높이는 약 190 □ 입니다.
- 학교 운동장 긴 쪽의 길이는 약 80 □ 입니다.

15 몸의 일부를 이용하여 5 m를 재려고 합니다. 5 m를 재기에 가장 알맞지 않은 것을 찾아 ×표 하세요.

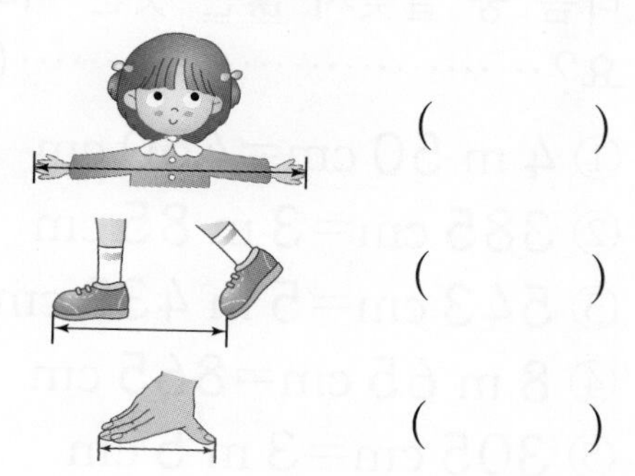

( )

( )

( )

16 길이가 긴 것부터 차례대로 기호를 써 보세요.

> ㉠ 5미터 29센티미터
> ㉡ 5 m 40 cm
> ㉢ 582 cm
> ㉣ 5 m 9 cm

( )

17 길이가 1 m보다 긴 것을 모두 찾아 기호를 써 보세요.

> ㉠ 신발의 길이
> ㉡ 전봇대의 높이
> ㉢ 한 뼘의 길이
> ㉣ 수학책 긴 쪽의 길이
> ㉤ 방바닥에서 천장까지의 높이

( )

18 시아와 재서는 길이가 2 m 30 cm인 막대를 둘로 나누어 가졌습니다. 시아가 1 m 6 cm를 가졌다면, 재서가 가진 막대의 길이는 몇 cm인지 구하세요.

( )

19 민지가 학교에서 약국을 지나 집까지 가는 거리는 몇 m 몇 cm일까요?

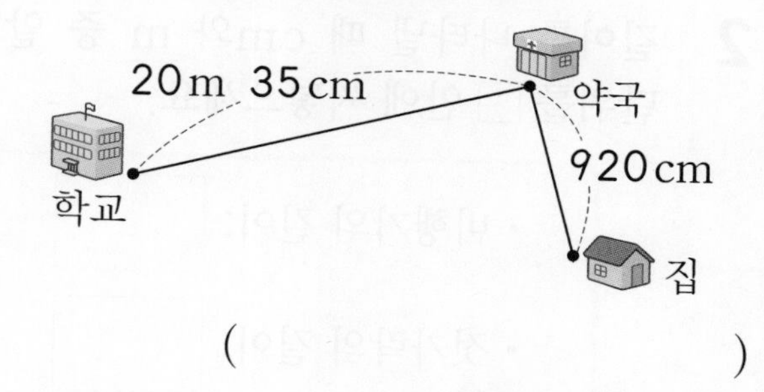

( )

서술형

20 초록색 끈과 주황색 끈이 있습니다. 초록색 끈의 길이는 1 m 42 cm이고 주황색 끈은 초록색 끈보다 2 m 39 cm 더 깁니다. 주황색 끈의 길이는 몇 m 몇 cm인지 풀이 과정을 쓰고 답을 구하세요.

풀이

답 ______________________

3 단원

단원평가 4회 길이 재기

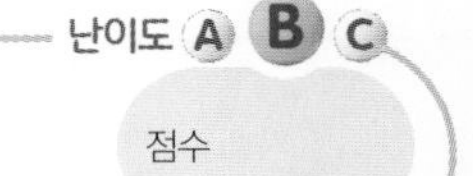

스피드 정답 5쪽 | 정답 및 풀이 25쪽

1 □ 안에 알맞은 수를 써넣으세요.

201 cm= □ m □ cm

2 길이를 나타낼 때 cm와 m 중 알맞은 단위를 □ 안에 써넣으세요.

- 비행기의 길이: □
- 젓가락의 길이: □
- 기린의 키: □

3 내 키보다 높거나 긴 것에 ○표, 낮거나 짧은 것에 △표 하세요.

- 아파트의 높이 ( )
- 세면대의 높이 ( )
- 빨대의 길이 ( )
- 축구 골대 긴 쪽의 길이 ( )

4 다음 중 알맞지 않은 것은 어느 것일까요? ······························ ( )

① 4 m 50 cm=450 cm
② 385 cm=3 m 85 cm
③ 543 cm=5 m 430 cm
④ 8 m 65 cm=865 cm
⑤ 305 cm=3 m 5 cm

5 길이가 1 m를 넘지 않는 것을 찾아 기호를 써 보세요.

㉠ 교실 문의 높이
㉡ 필통의 길이
㉢ 바닥에서 천장까지의 높이

( )

[6~7] 계산해 보세요.

6
```
   3 m 28 cm
 + 5 m 46 cm
```

7
```
   1 m 45 cm
 + 2 m 35 cm
```

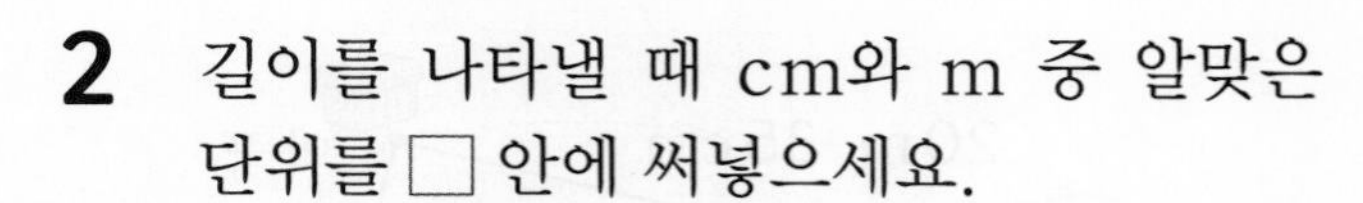

[8~9] 계산해 보세요.

8

$$\begin{array}{r} 8\text{ m } 14\text{ cm} \\ -\ 6\text{ m } 12\text{ cm} \\ \hline \end{array}$$

9

$$\begin{array}{r} 10\text{ m } 95\text{ cm} \\ -\ 7\text{ m } 68\text{ cm} \\ \hline \end{array}$$

10 두 길이의 합은 몇 m 몇 cm일까요?

2 m 11 cm, 5 m 24 cm

( )

11 세 사람이 각자 어림하여 5 m가 되도록 끈을 잘랐습니다. 자른 끈의 길이가 5 m와 가장 가까운 사람의 이름을 써 보세요.

이름	끈의 길이
주미	4 m 80 cm
로하	5 m 5 cm
혜지	4 m 90 cm

( )

12 □ 안에 알맞은 수를 써넣으세요.

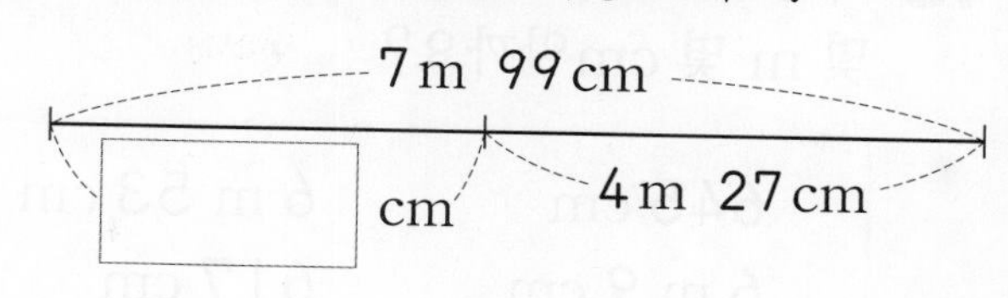

13 건물의 높이는 16 m 33 cm이고 사다리의 높이는 건물보다 11 m 5 cm 더 낮습니다. 사다리의 높이는 몇 m 몇 cm일까요?

( )

14 주어진 1 m로 밧줄의 길이를 가장 잘 어림한 사람은 누구일까요?

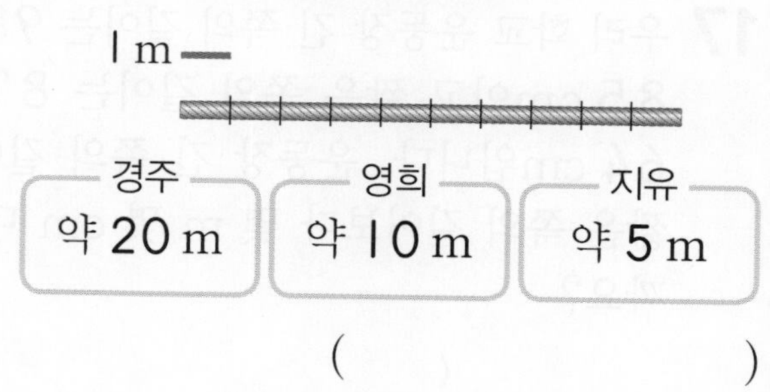

( )

15 가장 긴 길이와 가장 짧은 길이의 합은 몇 m 몇 cm일까요?

645 cm	6 m 53 cm
6 m 9 cm	617 cm

(　　　　　　　　　　)

16 길이가 3 m 27 cm인 빨간색 테이프와 2 m 44 cm인 파란색 테이프를 겹치지 않게 이어 붙였습니다. 이어 붙인 테이프의 전체 길이는 몇 m 몇 cm일까요?

(　　　　　　　　　　)

17 우리 학교 운동장 긴 쪽의 길이는 98 m 85 cm이고 짧은 쪽의 길이는 87 m 64 cm입니다. 운동장 긴 쪽의 길이는 짧은 쪽의 길이보다 몇 m 몇 cm 더 길까요?

(　　　　　　　　　　)

18 동호의 키는 125 cm이고 동호 아버지의 키는 동호보다 53 cm 더 큽니다. 동호 아버지의 키는 몇 m 몇 cm일까요?

(　　　　　　　　　　)

19 성재의 두 걸음이 약 1 m이고 복도에 있는 신발장의 길이를 성재의 걸음으로 재었더니 8걸음입니다. 복도에 있는 신발장의 길이는 약 몇 m일까요?

약 (　　　　　　　　　　)

서술형

20 길이가 1 m 25 cm인 테이프 2개를 30 cm가 겹치도록 이어 붙였습니다. 이어 붙인 테이프의 전체 길이는 몇 m 몇 cm인지 풀이 과정을 쓰고 답을 구하세요.

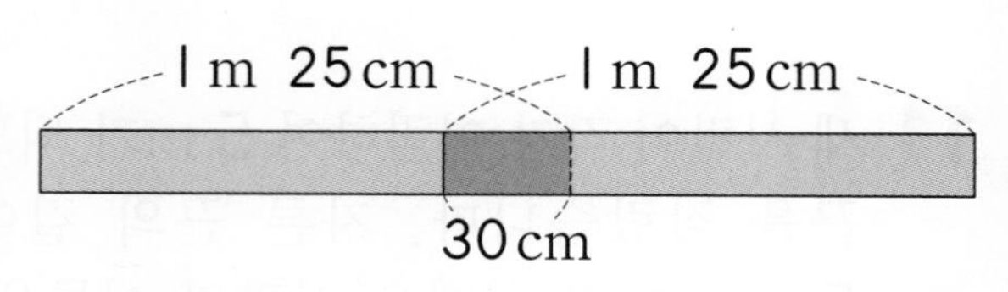

풀이

답 ____________________

단원평가 5회 길이 재기

스피드 정답 5~6쪽 | 정답 및 풀이 25쪽

1 □ 안에 알맞은 수를 써넣으세요.

6 m 34 cm=□ cm

2 다음 중 옳은 것은 어느 것일까요? ( )

① 405 cm=4 m 50 cm
② 6 m 8 cm=608 cm
③ 790 cm=7 m 9 cm
④ 5 m 5 cm=555 cm
⑤ 401 cm=40 m 1 cm

3 해바라기의 키는 153 cm입니다. 해바라기의 키는 몇 m 몇 cm일까요?

( )

[4~5] 계산해 보세요.

4
  6 m 75 cm
− 2 m 35 cm

5
  4 m 50 cm
+ 3 m 20 cm

6 다음 중 길이가 1 m보다 짧은 것을 모두 찾아 기호를 써 보세요.

㉠ 방문의 높이	㉡ 한 팔의 길이
㉢ 시소의 길이	㉣ 의자의 높이

( )

7 수 카드 4장을 한 번씩만 사용하여 가장 짧은 길이를 써 보세요.

9 5 8 2

□□ m □□ cm

8 몇 m 몇 cm인지 빈칸에 써넣으세요.

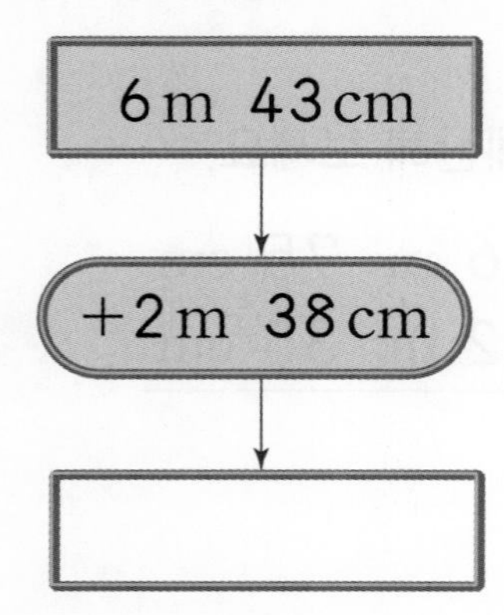

9 테이프의 전체 길이는 몇 m 몇 cm일까요?

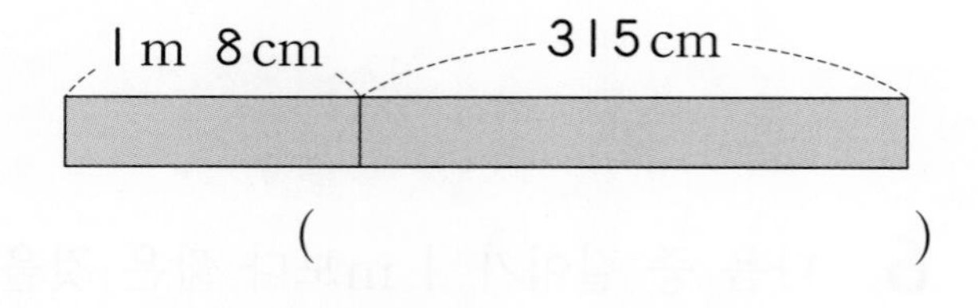

(　　　　　　　　)

10 집에서 학교를 지나 학원까지 가는 거리는 몇 m 몇 cm일까요?

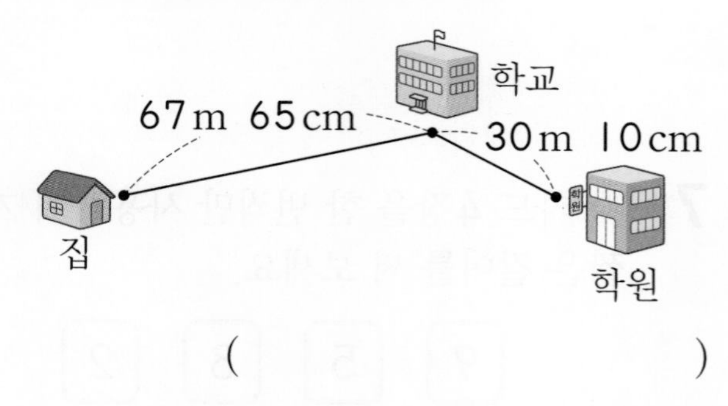

(　　　　　　　　)

11 계산 결과가 가장 긴 것을 찾아 기호를 써 보세요.

㉠ 3 m 35 cm+2 m 46 cm
㉡ 9 m 67 cm−4 m 24 cm
㉢ 1 m 48 cm+4 m 27 cm

(　　　　　　　　)

12 길이가 2 m 36 cm인 전선에 1 m 57 cm 되는 전선을 겹치지 않게 한 줄로 길게 이었습니다. 이은 전선의 전체 길이는 몇 m 몇 cm일까요?

(　　　　　　　　)

13 길이가 390 cm인 실을 1 m 55 cm만큼 사용했습니다. 남은 실의 길이는 몇 m 몇 cm일까요?

(　　　　　　　　)

서술형

14 소희가 책상의 길이를 잘못 잰 까닭을 써 보세요.

까닭 ______________________

15 길이가 5 m 62 cm인 막대와 3 m 35 cm인 막대가 있습니다. 두 막대의 길이의 차는 몇 m 몇 cm일까요?

(　　　　　　　　)

16 수 카드 6장을 한 번씩 모두 사용하여 가장 긴 길이와 가장 짧은 길이를 만들고 그 차를 구하세요.

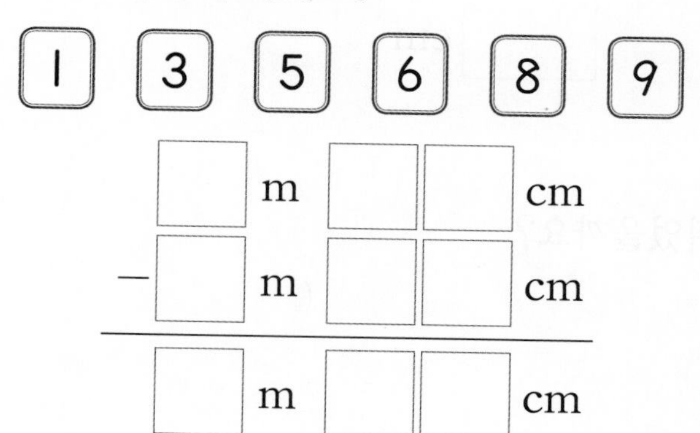

17 우민이와 상훈이의 양팔을 벌린 길이가 다음과 같을 때 8 m에 가까운 끈을 가지고 있는 사람의 이름을 써 보세요.

(　　　　　　　　)

18 주이의 두 걸음이 약 1 m라면 기차의 길이는 약 몇 m일까요?

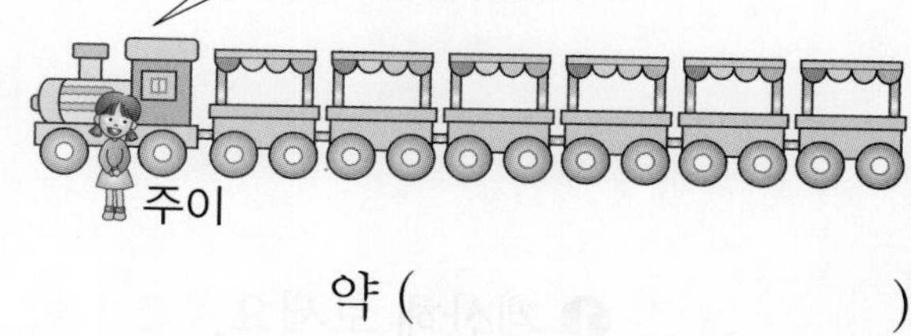

약 (　　　　　　　　)

19 재규가 가지고 있는 끈의 길이는 4 m 50 cm보다 36 cm 더 깁니다. 민재의 끈은 재규의 끈보다 179 cm 더 짧습니다. 민재가 가지고 있는 끈의 길이는 몇 m 몇 cm일까요?

(　　　　　　　　)

서술형

20 리본으로 선물 상자를 묶으려고 합니다. 1 m 40 cm씩 2번 잘라 썼더니 10 cm가 남았다면, 처음에 있던 리본의 길이는 몇 m 몇 cm인지 풀이 과정을 쓰고 답을 구하세요.

풀이

답 ____________

단계별로 연습하는

서술형 평가 ①

길이 재기

점수

스피드 정답 6쪽 | 정답 및 풀이 26쪽

1 민희와 지효의 제자리 멀리뛰기 기록입니다. 지효는 민희보다 몇 cm 더 멀리 뛰었는지 구하세요.

민희: 1 m 15 cm
지효: 1 m 27 cm

❶ 계산해 보세요.

	1	m	27	cm
−	1	m	15	cm
			□	cm

❷ 지효는 민희보다 몇 cm 더 멀리 뛰었을까요?

(　　　　　　　　)

2 주어진 5개의 끈 중에서 길이가 같은 것끼리 짝을 지었습니다. 남은 한 개의 끈은 무슨 색인지 알아보세요.

빨간색	1 m 5 cm	파란색	105 cm
주황색	115 cm	보라색	1 m 10 cm
노란색	1 m 15 cm		

❶ 길이가 같은 끈끼리 짝을 지어 보세요.

(빨간색, □), (주황색, □)

❷ 짝을 짓지 못하고 남은 끈은 무슨 색일까요?

(　　　　　　　　)

3 가장 긴 길이와 가장 짧은 길이의 합을 구하세요.

3 m 23 cm	324 cm	3 m 5 cm

❶ 가장 긴 길이는 몇 m 몇 cm일까요?

( )

❷ 가장 짧은 길이는 몇 m 몇 cm일까요?

( )

❸ ❶, ❷에서 구한 길이의 합은 몇 m 몇 cm일까요?

( )

4 가로등 사이의 거리를 어림해 보려고 합니다. 준태의 걸음으로 12걸음이라면 가로등 사이의 거리는 약 몇 m인지 구하세요.

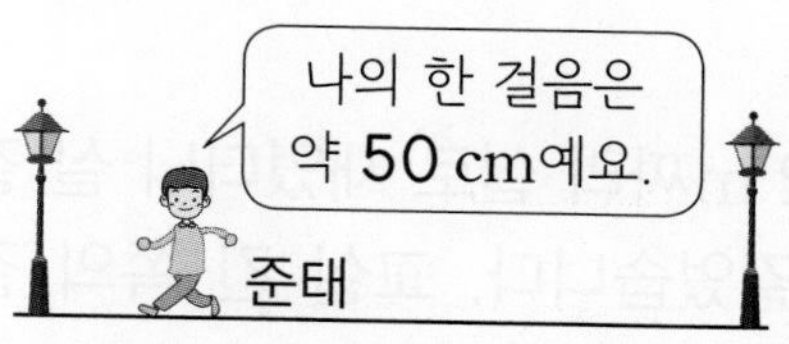

❶ 준태의 걸음으로 2걸음은 약 몇 m일까요?

약 ( )

❷ 가로등 사이의 거리는 약 몇 m일까요?

약 ( )

1 선희네 집에서 놀이터를 지나 학원까지 가는 거리는 몇 m 몇 cm인지 풀이 과정을 쓰고 답을 구하세요.

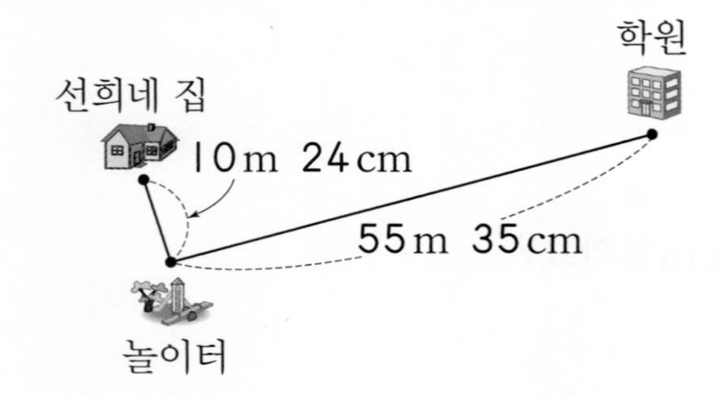

풀이

답 ____________________

> **어떻게 풀까요?**
> m는 m끼리, cm는 cm끼리 더합니다.

2 교실 긴 쪽의 길이를 2 m짜리 실로 재었더니 실 길이의 4배보다 60 cm 더 길었습니다. 교실 긴 쪽의 길이는 몇 cm인지 풀이 과정을 쓰고 답을 구하세요.

풀이

답 ____________________

> **어떻게 풀까요?**
> 2의 4배는 2×4와 같습니다.

3 분홍색 털실의 길이는 7 m 89 cm이고 초록색 털실의 길이는 3 m 52 cm입니다. 두 털실의 길이의 차는 몇 m 몇 cm인지 풀이 과정을 쓰고 답을 구하세요.

풀이

답 ______________

어떻게 풀까요?

m는 m끼리, cm는 cm끼리 뺍니다.

4 길이가 5 m에 가장 가까운 줄을 가진 사람은 누구인지 풀이 과정을 쓰고 답을 구하세요.

지우: 내 줄의 길이는 514 cm야.
재구: 내 줄의 길이는 4 m 97 cm야.
수지: 내 줄의 길이는 5 m 8 cm야.

풀이

답 ______________

어떻게 풀까요?

5 m와 가지고 있는 줄의 길이의 차를 각각 구한 다음 차가 가장 작은 줄을 가진 사람을 찾습니다.

3 단원

1 사용한 색 테이프의 길이는 몇 m 몇 cm 일까요?

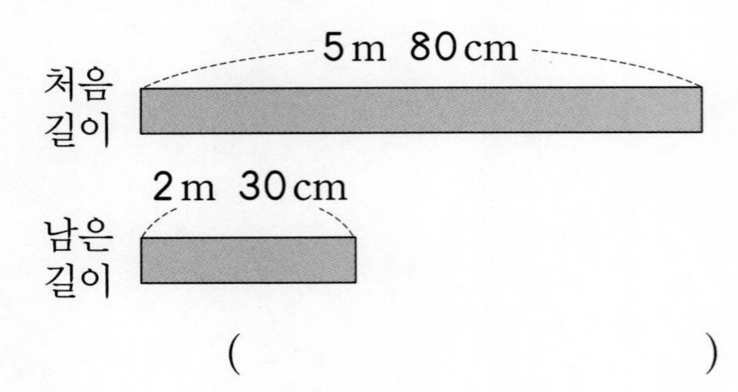

( )

2 알맞은 길이를 골라 문장을 완성해 보세요.

2 m　　45 cm　　324 m

(1) 키보드의 길이는 약 ☐ 입니다.

(2) 에펠탑의 높이는 약 ☐ 입니다.

3 연아와 민호가 가지고 있는 끈의 길이를 나타낸 것입니다. 민호가 가지고 있는 끈은 연아가 가지고 있는 끈보다 몇 cm 더 길까요?

이름	연아	민호
끈의 길이	3 m 50 cm	3 m 80 cm

( )

4 학교 신발장의 길이를 재려고 합니다. 가장 많은 횟수로 잴 수 있는 몸의 일부를 찾아 기호를 써 보세요.

㉠　㉡　㉢

( )

5 성오의 한 걸음의 길이는 약 50 cm입니다. 다음과 같은 벽의 긴 쪽의 길이는 약 몇 m일까요?

벽의 긴 쪽의 길이를 내 걸음으로 재면 8걸음이야.

성오

약 ( )

4단원 시각과 시간

개념정리	80
쪽지시험	81
단원평가 1회 난이도 A	85
단원평가 2회 난이도 A	88
단원평가 3회 난이도 B	91
단원평가 4회 난이도 B	94
단원평가 5회 난이도 C	97
단계별로 연습하는 서술형 평가 ❶	100
풀이 과정을 직접 쓰는 서술형 평가 ❷	102
밀크티 성취도 평가 오답 베스트 5	104

개념 1 몇 시 몇 분 읽어 보기

①

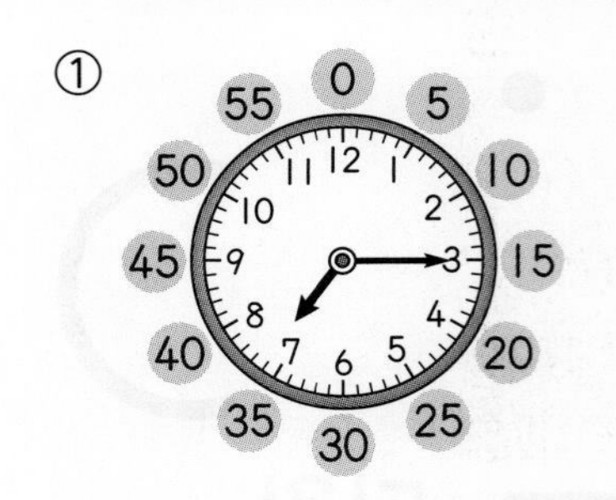

7시 15분

긴바늘이 가리키는 숫자	1	2	3	4	5	6
분	5	10	❶	20	25	❷
긴바늘이 가리키는 숫자	7	8	9	10	11	12
분	35	40	❸	50	55	0

②

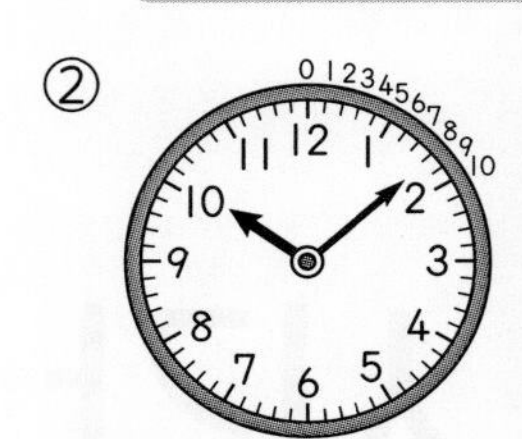

긴바늘이 가리키는 작은 눈금 한 칸은 1분을 나타냅니다. 왼쪽 시계가 나타내는 시각은 10시 8분입니다.

개념 2 여러 가지 방법으로 시각 읽어 보기

2시 55분 또는 3시 5분 전

개념 3 1시간 알아보기

시계의 긴바늘이 한 바퀴 도는 데 60분의 시간이 걸립니다.

개념 4 걸린 시간 알아보기

시작한 시각

⇨

끝낸 시각

책을 읽은 시간: 1시간

개념 5 하루의 시간 알아보기

• 하루는 24시간입니다. ⇨ 1일=❹ ☐ 시간

• 전날 밤 12시부터 낮 12시까지를 오전, 낮 12시부터 밤 12시까지를 오후라고 합니다.

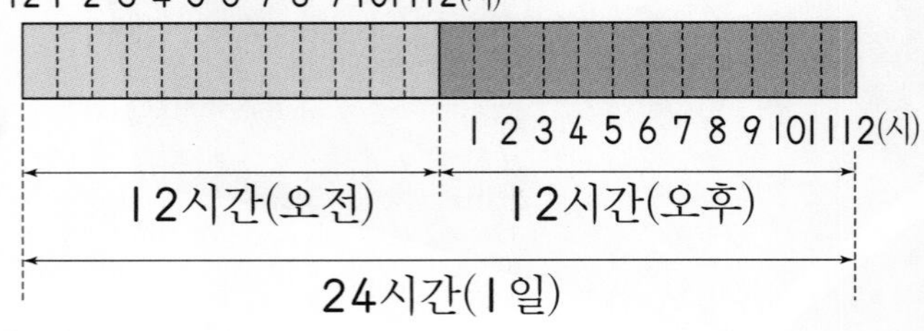

개념 6 달력 알아보기

• 1주일은 7일이므로 같은 요일은 7일마다 반복됩니다.

일	월	화	수	목	금	토
			1	2	3	4
5	6	7	8	9	10	11
12	13	14	15	16	17	18
19	20	21	22	23	24	25
26	27	28	29	30		

• 1년은 12개월입니다.

월	1	2	3	4	5	6	7	8	9	10	11	12
날수(일)	31	28 (29)	31	30	31	30	31	31	30	31	30	31

↳ 2월은 4년에 한 번씩 29일이 됩니다.

| 정답 | ❶ 15 ❷ 30 ❸ 45 ❹ 24

쪽지시험 1회 시각과 시간

점수

스피드 정답 6쪽 | 정답 및 풀이 27쪽

〔1~5〕 시각을 써 보세요.

1

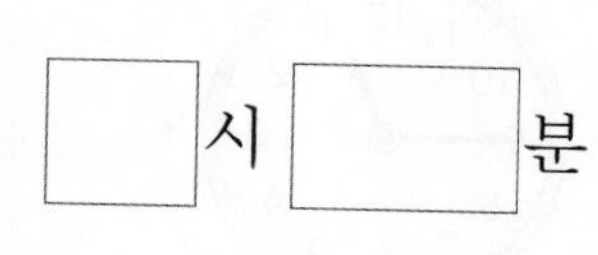

2

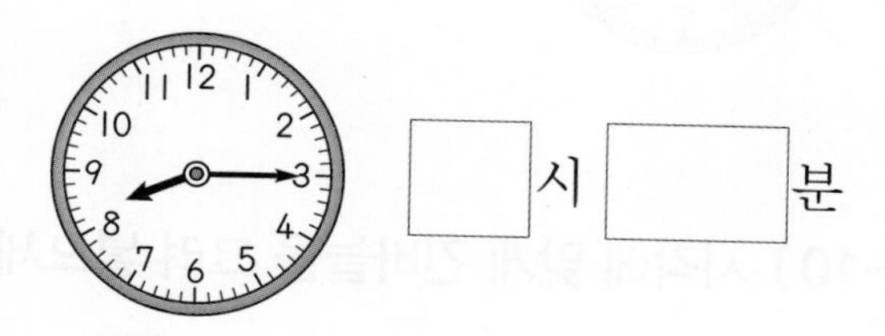

3

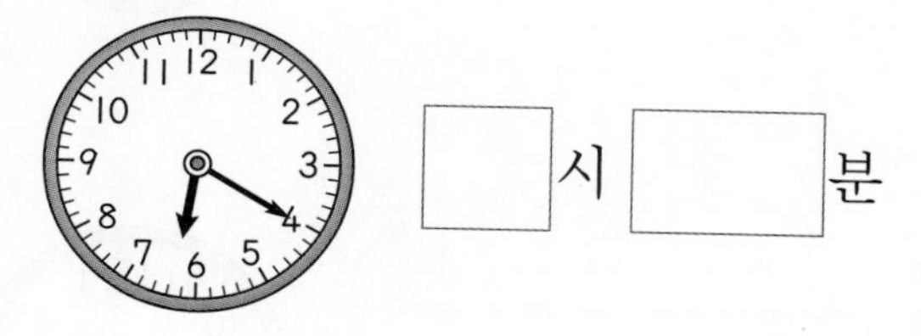

4

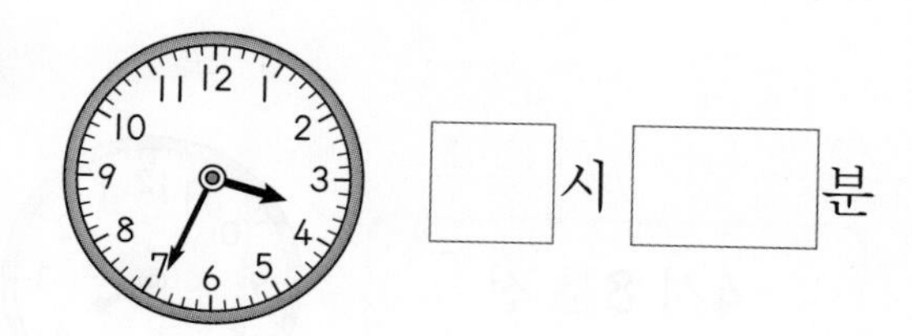

5

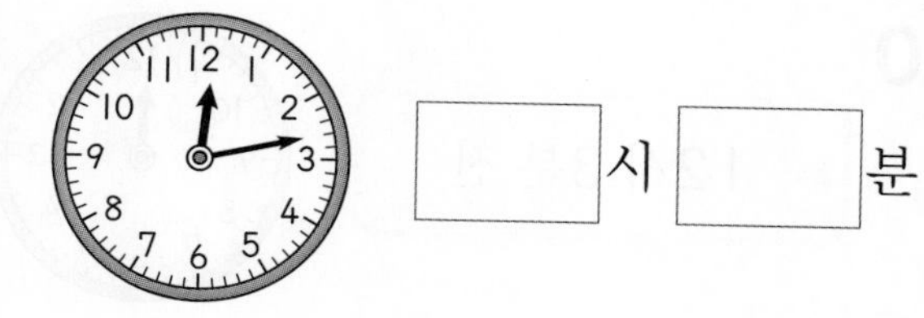

〔6~10〕 시각에 맞게 긴바늘을 그려 넣으세요.

6

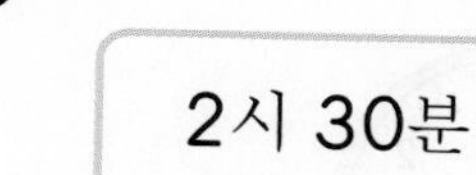

7

5시 25분

8

7시 50분

9

9시 16분

10

1시 53분

쪽지시험 2회 시각과 시간

점수

스피드 정답 6쪽 | 정답 및 풀이 27쪽

1 여러 가지 방법으로 시계의 시각을 읽어 보세요.

- 시계가 나타내는 시각은 □시 □분입니다.
- 7시가 되려면 □분 더 지나야 합니다.
- 이 시각은 □시 □분 전입니다.

[2~5] □ 안에 알맞은 수를 써넣으세요.

2 2시 55분=□시 □분 전

3 3시 50분=□시 □분 전

4 1시 45분=□시 □분 전

5 3시 57분=□시 □분 전

6 같은 시각끼리 선으로 이어 보세요.

 • • 10시 5분 전

 • • 1시 15분 전

[7~10] 시각에 맞게 긴바늘을 그려 넣으세요.

7 8시 10분 전

8 5시 5분 전

9 4시 8분 전

10 12시 3분 전

쪽지시험 3회 시각과 시간

점수

스피드 정답 6쪽 | 정답 및 풀이 27쪽

[1~5] □ 안에 알맞은 수를 써넣으세요.

1 60분=□시간

2 1시간=□분

3 200분=□시간 □분

4 4시간 10분=□분

5 143분=□시간 □분

6 두 시계를 보고 시간이 얼마나 흘렀는지 시간 띠에 나타내고 구하세요.

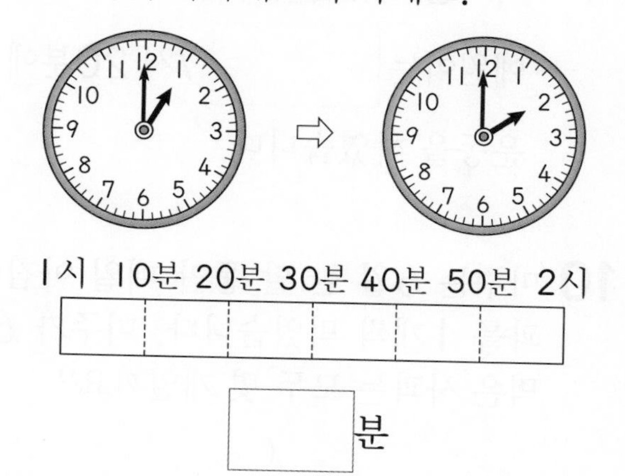

□분

[7~10] 시계를 보고 숙제를 하는 데 걸린 시간을 구하세요.

7 숙제를 시작한 시각 숙제를 끝낸 시각

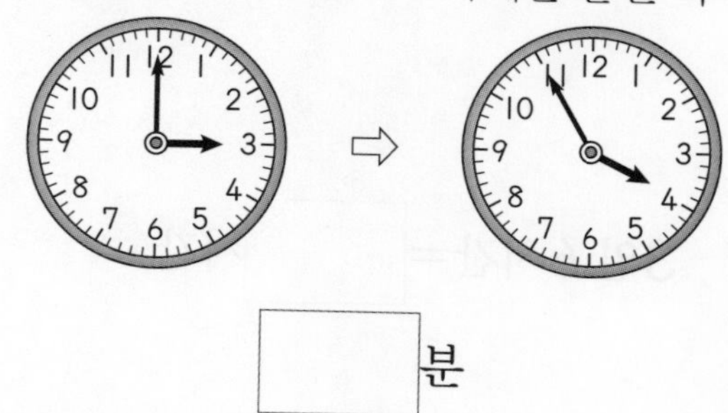

□분

8 숙제를 시작한 시각 숙제를 끝낸 시각

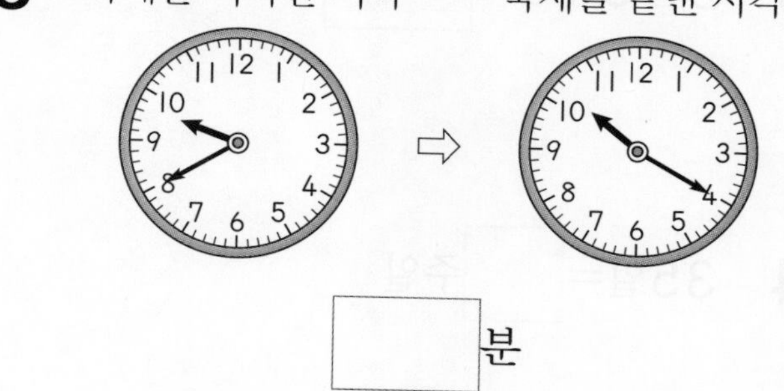

□분

9 숙제를 시작한 시각 숙제를 끝낸 시각

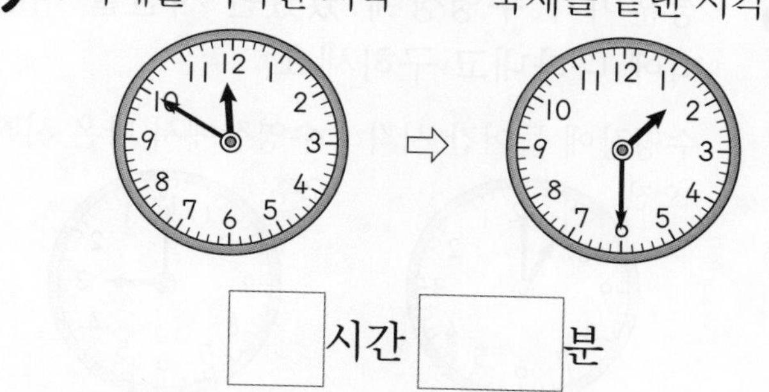

□시간 □분

10 숙제를 시작한 시각 숙제를 끝낸 시각

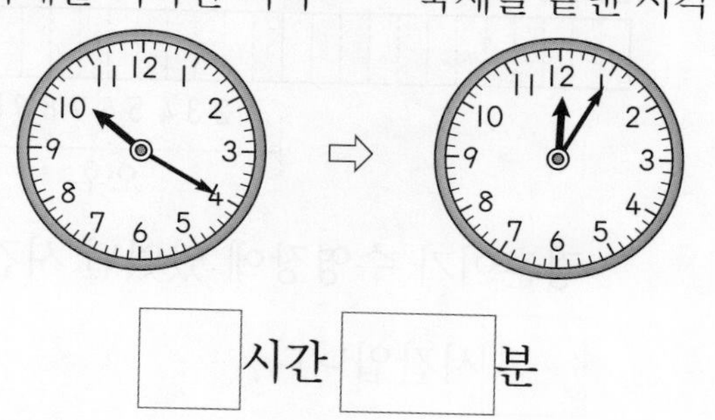

□시간 □분

4 단원

쪽지시험 4회 시각과 시간

스피드 정답 6쪽 | 정답 및 풀이 27쪽

[1~4] □ 안에 알맞은 수를 써넣으세요.

1 28시간= □ 일 □ 시간

2 3일 6시간= □ 시간

3 2년 3개월= □ 개월

4 35일= □ 주일

5 경훈이가 수영장에 있었던 시간을 시간 띠에 나타내고 구하세요.

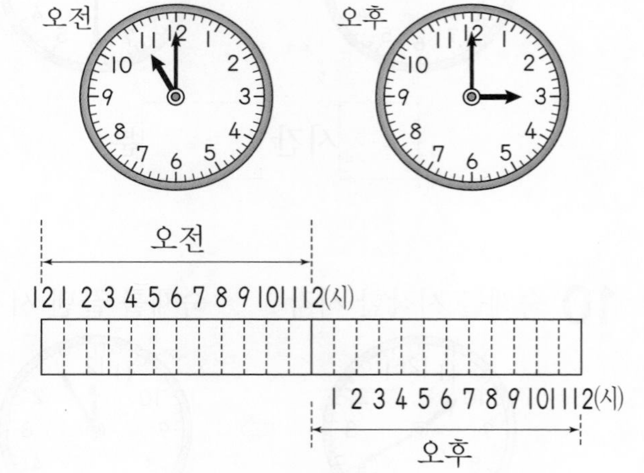

경훈이가 수영장에 있었던 시간은 □ 시간입니다.

[6~8] 어느 해의 3월 달력을 보고 물음에 답하세요.

3월

일	월	화	수	목	금	토
		1	2	3	4	5
6	7	8	9	10	11	12
13	14	15	16	17	18	19
20	21	22	23	24	25	26
27	28	29	30	31		

6 토요일인 날이 몇 번 있을까요?

( )

7 3월 1일 삼일절은 무슨 요일일까요?

( )

8 삼일절로부터 1주일 후는 며칠일까요?

( )

9 □ 안에 오전과 오후를 알맞게 써넣으세요.

- 상준이는 □ 6시 10분에 저녁 식사를 하였습니다.
- 예원이는 □ 7시 20분에 아침 운동을 하였습니다.

10 미주는 6월 한 달 동안 매일 아침에 사과를 1개씩 먹었습니다. 미주가 6월에 먹은 사과는 모두 몇 개일까요?

( )

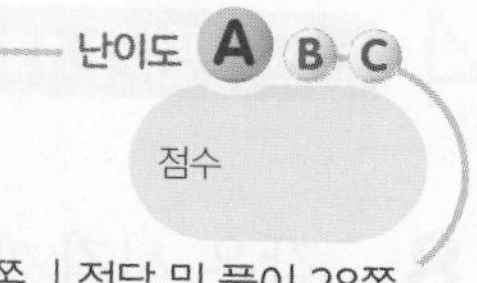

시각과 시간

스피드 정답 7쪽 | 정답 및 풀이 28쪽

1 시계에서 각각의 숫자가 나타내는 분을 알맞게 써넣으세요.

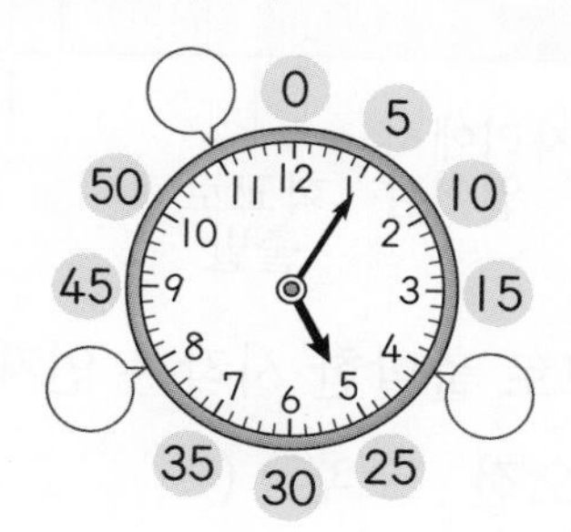

2 시각을 써 보세요.

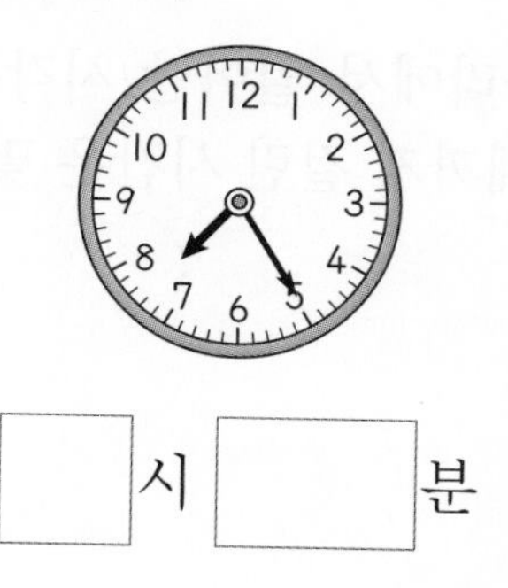

☐시 ☐분

3 (   ) 안에 오전과 오후를 알맞게 써넣으세요.

- 아침 8시 (   )
- 낮 2시 (   )

4 시각에 맞게 긴바늘을 그려 넣으세요.

5 여러 가지 방법으로 시계의 시각을 읽어 보세요.

- 시계가 나타내는 시각은 ☐시 ☐분입니다.
- 5시가 되려면 ☐분이 더 지나야 합니다.
- 이 시각은 ☐시 ☐분 전입니다.

6 ☐ 안에 알맞은 수를 써넣으세요.

- 1시간 30분=☐분
- 75분=☐시간 ☐분

7 날수가 같은 달끼리 짝 지은 것에 ○표 하세요.

1월, 2월	( )
3월, 7월	( )
10월, 11월	( )

8 같은 시각끼리 선으로 이어 보세요.

[9~10] 서희가 찰흙으로 만들기를 하는 데 걸린 시간을 구하려고 합니다. 물음에 답하세요.

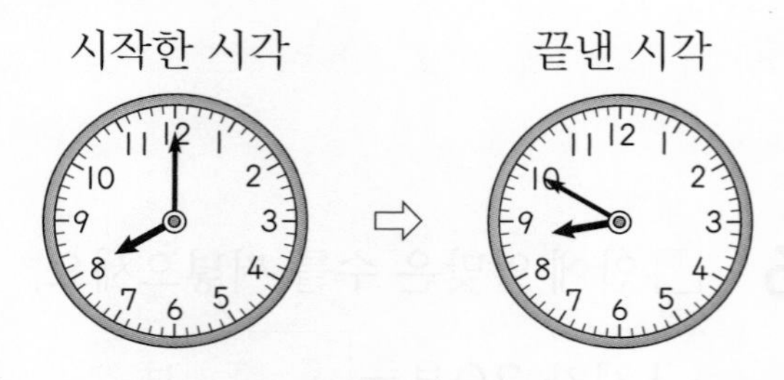

9 서희가 만들기를 하는 데 걸린 시간을 시간 띠에 나타내 보세요.

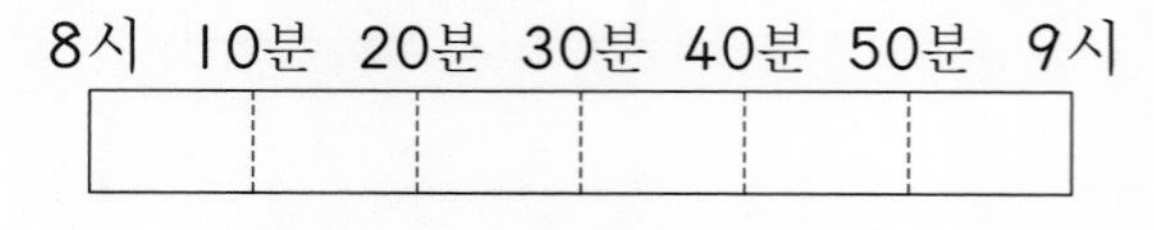

10 서희가 찰흙으로 만들기를 하는 데 걸린 시간은 몇 분일까요?

( )

[11~12] 시간 띠를 보고 물음에 답하세요.

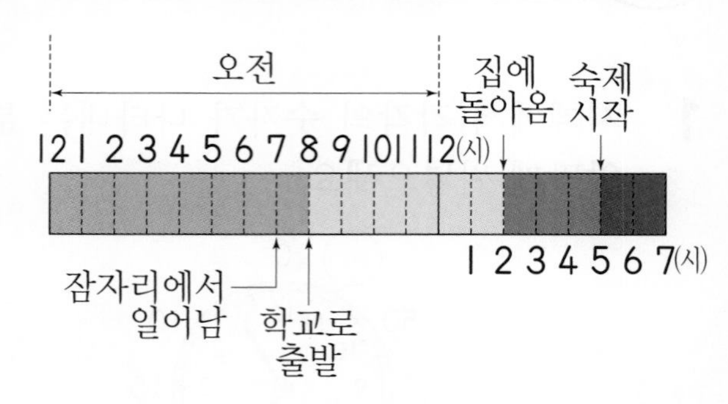

11 학교로 출발한 시각은 언제일까요?

(오전 , 오후) ( )

12 잠자리에서 일어난 시각부터 집에 돌아올 때까지 걸린 시간은 몇 시간일까요?

( )

13 주어진 시각의 전과 후의 시각을 시계에 나타내 보세요.

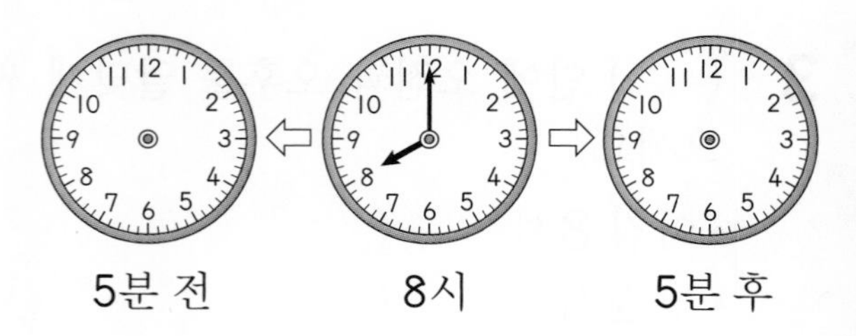

14 □ 안에 알맞은 수를 써넣으세요.

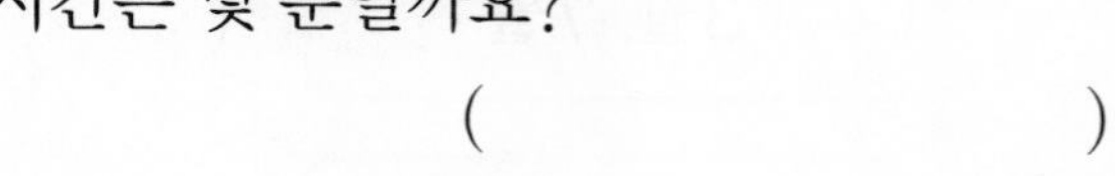

- 2일=□시간
- 35시간=□일 □시간

[15~17] 어느 해의 4월 달력을 보고 물음에 답하세요.

4월

일	월	화	수	목	금	토
				1	2	3
4	5	6	7	8	9	10
11	12	13	14	15	16	17
18	19	20	21	22	23	24
25	26	27	28	29	30	

15 일요일인 날이 몇 번 있을까요?

( )

16 4월 5일 식목일은 무슨 요일일까요?

( )

17 식목일로부터 1주일 후는 며칠일까요?

( )

18 지금 시각은 오전 8시 13분입니다. 짧은바늘이 한 바퀴 돌았을 때의 시각은 언제일까요?

(오전 , 오후) □시 □분

19 승원이는 2시 20분에 숙제를 시작하여 2시 45분에 끝냈습니다. 숙제를 하는 데 걸린 시간은 몇 분일까요?

( )

20 현주는 오후 10시에 잠들어서 다음 날 오전 7시에 일어났습니다. 현주가 잠을 잔 시간은 몇 시간일까요?

( )

시각과 시간

난이도 A B C
점수

스피드 정답 7쪽 | 정답 및 풀이 28쪽

1 시계에서 긴바늘이 가리키는 숫자가 9이면 몇 분일까요?

( )

2 시각을 써 보세요.

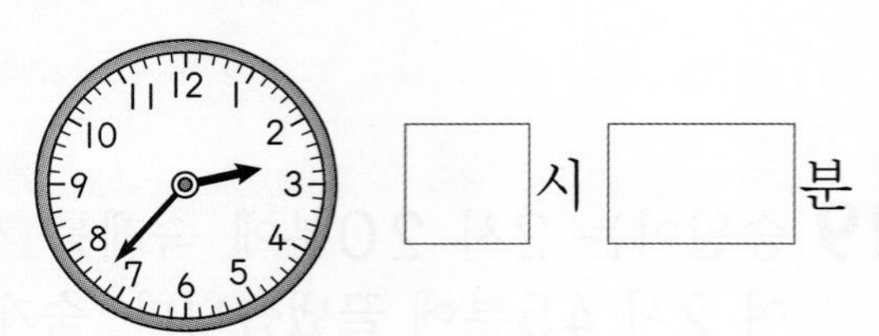

[3~4] 시각에 맞게 긴바늘을 그려 넣으세요.

3

3시 10분

4

9시 24분

5 시계를 보고 □ 안에 알맞은 수를 써넣으세요.

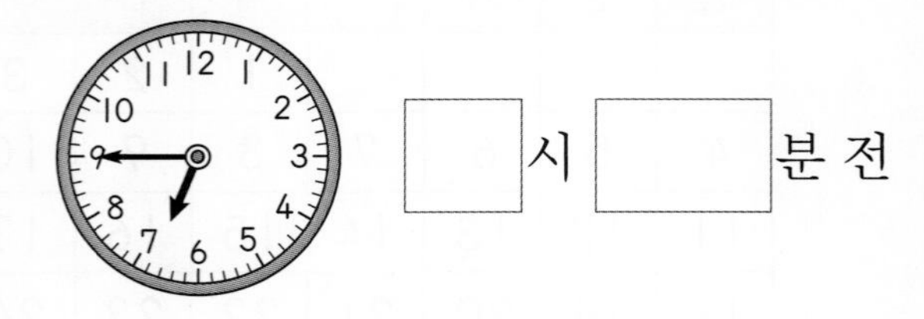

6 시계가 나타내는 시각을 바르게 읽은 것은 어느 것일까요? ············ ( )

① 4시 55분 ② 3시 55분
③ 11시 19분 ④ 3시 5분 전
⑤ 3시 55분 전

7 오전을 나타내는 것의 기호를 써 보세요.

㉠ 전날 밤 12시부터 낮 12시까지
㉡ 낮 12시부터 밤 12시까지

( )

8 같은 시각끼리 선으로 이어 보세요.

9 오전과 오후를 알맞게 써넣으세요.

저녁 7시	
새벽 5시	

10 다음 시계가 나타내는 시각은 정아가 친구를 만나기로 약속한 시각입니다. 약속 시각은 몇 시 몇 분일까요?

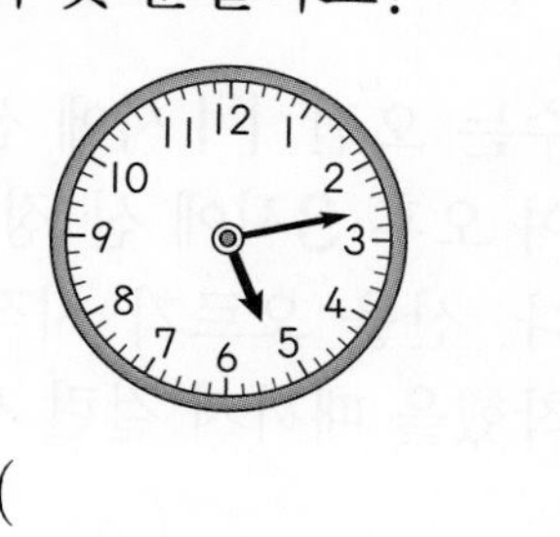

( )

11 시각에 맞게 긴바늘을 그려 넣으세요.

9시 5분 전

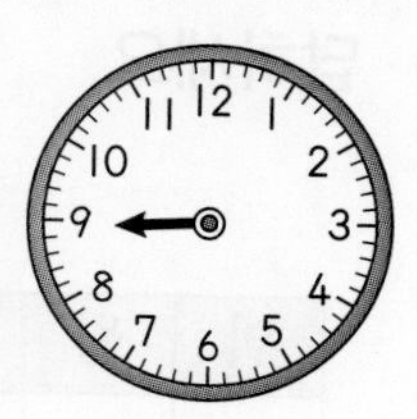

12 두 시계를 보고 시간이 얼마나 흘렀는지 시간 띠에 나타내고 구하세요.

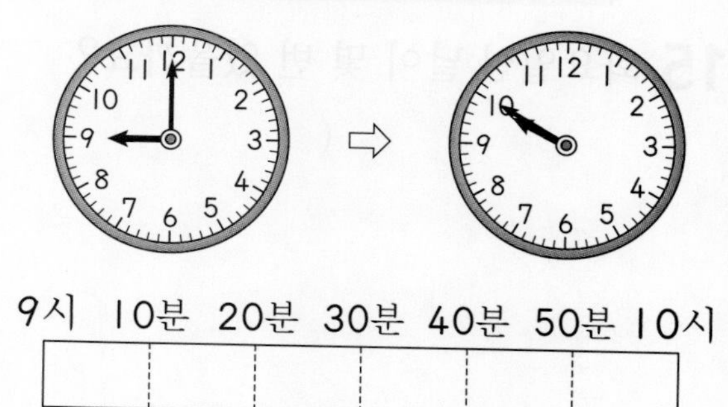

( )

13 다음 중에서 날수가 가장 적은 달은 어느 것일까요? ··················· ( )

① 1월 ② 2월 ③ 4월
④ 6월 ⑤ 8월

14 □ 안에 알맞은 수를 써넣으세요.

- 3일 7시간=□시간
- 2년 9개월=□개월

[15~17] 어느 해의 8월 달력을 보고 물음에 답하세요.

8월

일	월	화	수	목	금	토
1	2	3	4	5	6	7
8	9	10	11	12	13	14
15	16	17	18	19	20	21
22	23	24	25	26	27	28
29	30	31				

15 화요일인 날이 몇 번 있을까요?

( )

16 8월 15일 광복절은 무슨 요일일까요?

( )

17 광복절로부터 2주일 후는 며칠일까요?

( )

18 주어진 시각에서 30분 전은 몇 시 몇 분일까요?

( )

19 영화관에서 영화가 시작된 시각과 끝난 시각입니다. 영화 상영 시간은 몇 분일까요?

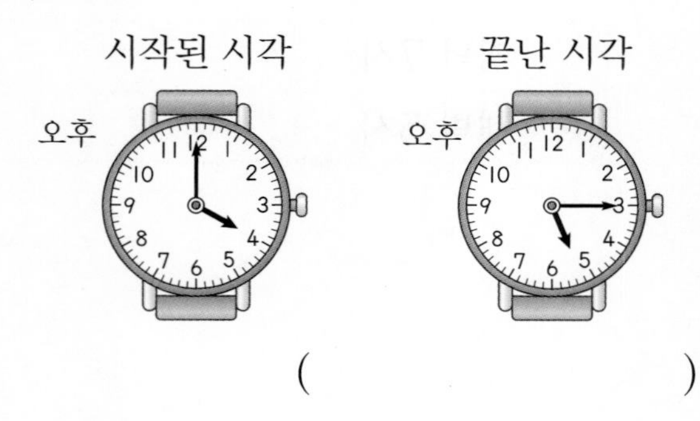

( )

20 현수는 오전 11시에 산을 오르기 시작하여 오후 3시에 산 정상에 도착하였습니다. 산을 오르기 시작하여 산 정상에 도착했을 때까지 걸린 시간을 구하세요.

( )

단원평가 3회

시각과 시간

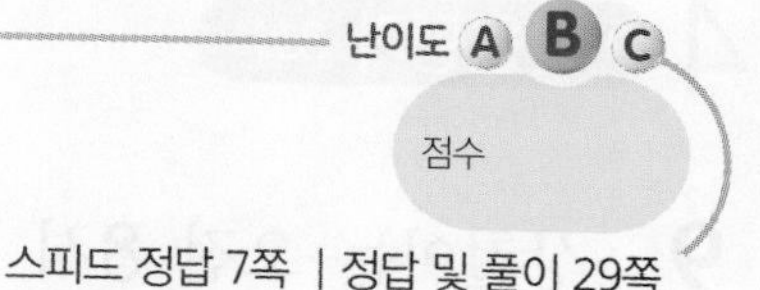

스피드 정답 7쪽 | 정답 및 풀이 29쪽

1 시계의 긴바늘이 가리키는 숫자와 분을 알맞게 써넣으세요.

숫자	2		9	
분		35		55

2 시각을 써 보세요.

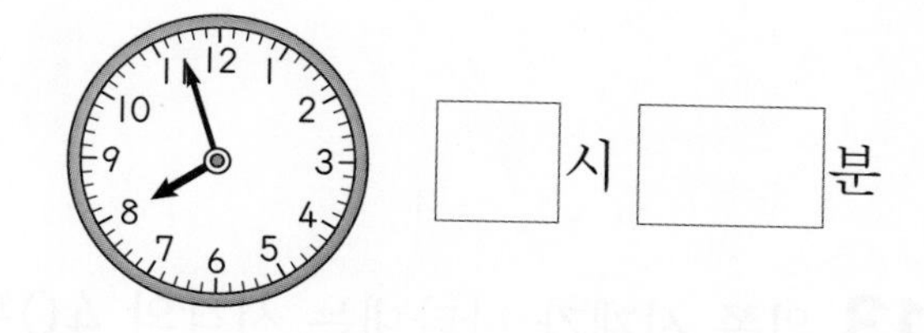

□시 □분

3 시계를 보고 □ 안에 알맞은 수를 써넣으세요.

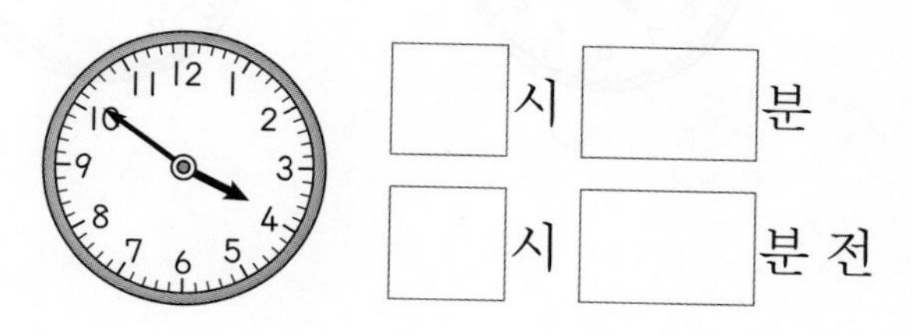

□시 □분

□시 □분 전

4 □ 안에 알맞은 수나 말을 써넣어 3시 15분을 설명해 보세요.

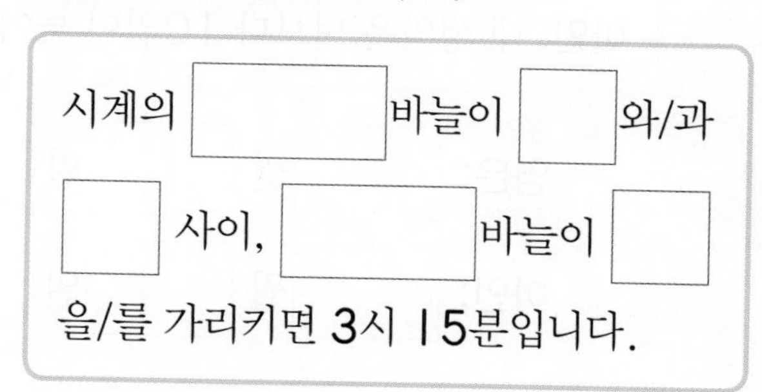

시계의 □ 바늘이 □ 와/과 □ 사이, □ 바늘이 □ 을/를 가리키면 3시 15분입니다.

[5~6] 시각에 맞게 긴바늘을 그려 넣으세요.

5

3시 10분 전

6

7시 46분

7 다음 중 설명이 잘못된 것은 어느 것일까요? ···························· (　　)

① 전날 밤 12시부터 낮 12시까지를 오전이라고 합니다.

② 낮 12시부터 밤 12시까지를 오후라고 합니다.

③ 하루는 24시간입니다.

④ 시계의 짧은바늘은 하루에 한 바퀴 돕니다.

⑤ 2시 5분 전은 1시 55분입니다.

8 □ 안에 알맞은 수를 써넣으세요.

1년 8개월=□개월

9 상철이는 오전 8시 55분에 일어났고, 희애는 오전 9시 10분 전에 일어났습니다. 더 일찍 일어난 사람은 누구일까요?

( )

[10~11] 어느 해의 5월 달력을 보고 물음에 답하세요.

5월

일	월	화	수	목	금	토
	1	2	3	4	5	6
7	8	9	10	11	12	13
14	15	16	17	18	19	20
21	22	23	24	25	26	27
28	29	30	31			

10 5월 4일에서 3주일 후는 며칠일까요?

( )

11 같은해 6월 1일은 무슨 요일일까요?

( )

12 어머니가 빵을 만드는 데 걸린 시간을 시간 띠에 나타내고 몇 시간 몇 분인지 구하세요.

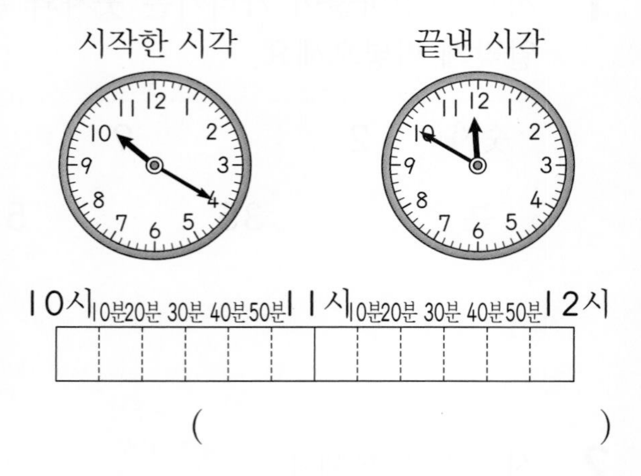

( )

13 왼쪽 시계가 나타내는 시각의 40분 후의 시각에 맞게 오른쪽 시계에 시곗바늘을 그려 넣으세요.

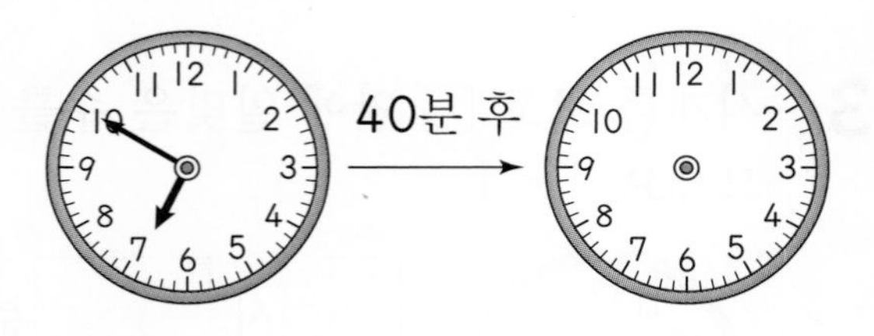

14 다음 설명을 보고 친구들의 생일을 알아보세요.

영은: 내 생일은 10월 마지막 날이야.
아인: 내 생일은 너보다 10일이 늦어.

영은: ☐ 월 ☐ 일

아인: ☐ 월 ☐ 일

15 동하가 책 읽기를 시작한 시각과 끝낸 시각입니다. 동하가 책을 읽는 데 걸린 시간은 몇 시간 몇 분일까요?

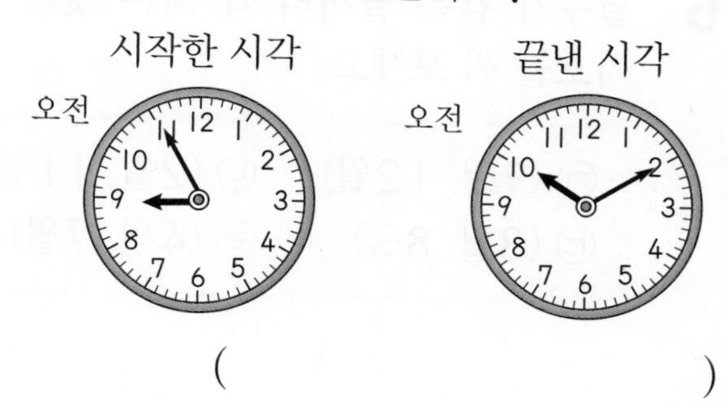

(　　　　　　　　　　)

16 성규가 거울에 비친 시계를 보았습니다. 이 시계가 나타내는 시각은 몇 시 몇 분일까요?

(　　　　　　　　　　)

서술형

17 영수는 시각을 다음과 같이 읽었습니다. 잘못 읽은 까닭을 쓰고 바르게 읽어 보세요.

까닭 ______________________

____

(　　　　　　　　　　)

18 축구 경기가 오후 6시에 시작되었습니다. 후반전이 끝나는 시각을 구하세요.

전반전 경기 시간	45분
휴식 시간	15분
후반전 경기 시간	45분

오후 (　　　　　　　　　　)

19 혜미 아버지는 2022년 5월에 미국에 가셔서 13개월 후에 돌아오셨습니다. 아버지가 돌아오셨을 때는 몇 년 몇 월일까요?

(　　　　　　　　　　)

20 윤재네 학교는 수업 시간이 40분, 쉬는 시간이 10분입니다. 1교시가 9시 10분에 시작되었다면, 2교시가 끝나는 시각은 몇 시 몇 분일까요?

(　　　　　　　　　　)

단원평가 4회 시각과 시간

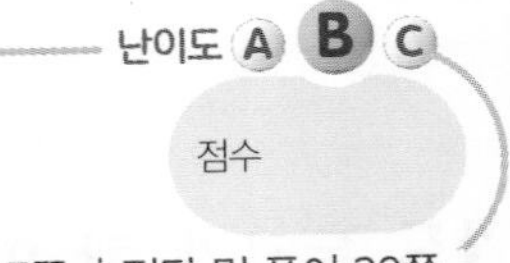

스피드 정답 7쪽 | 정답 및 풀이 29쪽

1 시계에 대한 설명으로 알맞은 말을 써넣으세요.

> 시계에서 긴바늘이 가리키는 작은 눈금 한 칸은 1 □ 을/를 나타냅니다.

2 시각을 써 보세요.

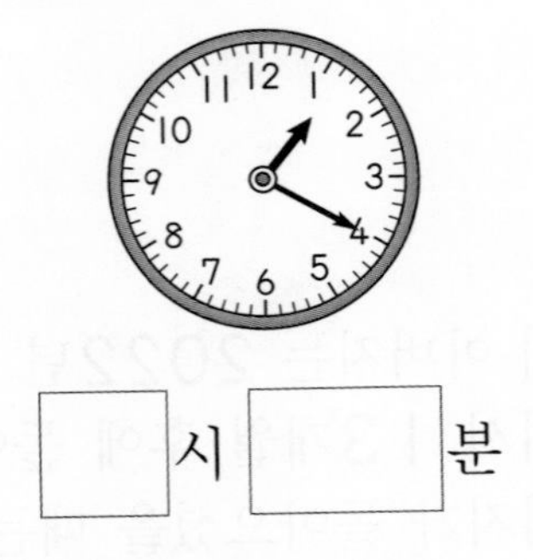

□시 □분

(3~4) 시각에 맞게 긴바늘을 그려 넣으세요.

3 8시 5분 전

4 3시 27분

5 □ 안에 알맞은 수를 써넣으세요.

> 12시 3분 전은 □시 □분입니다.

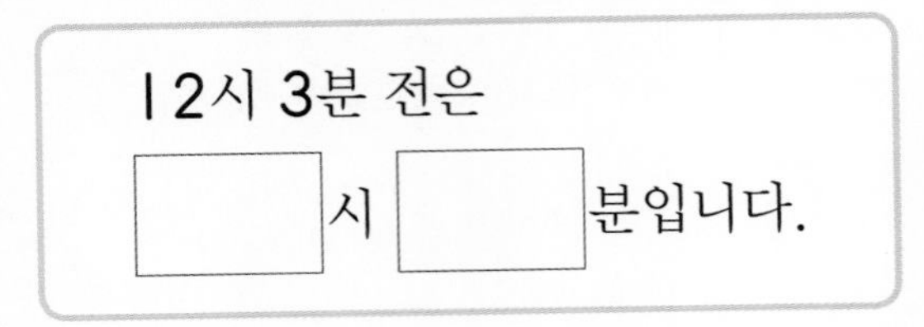

6 날수가 같은 달끼리 짝 지은 것을 찾아 기호를 써 보세요.

> ㉠ (9월, 12월) ㉡ (2월, 11월)
> ㉢ (3월, 8월) ㉣ (4월, 7월)

( )

7 색칠한 부분은 유호가 준수네 집에서 있었던 시간을 나타낸 것입니다. □ 안에 알맞은 수를 써넣으세요.

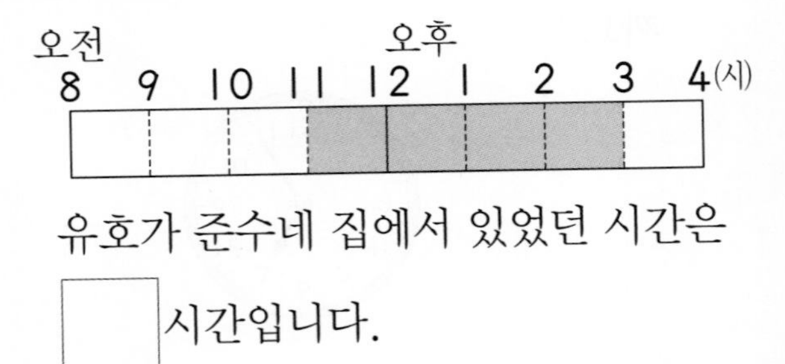

유호가 준수네 집에서 있었던 시간은 □시간입니다.

8 태희가 놀이공원에 있었던 시간을 시간 띠에 나타내고 몇 시간인지 구하세요.

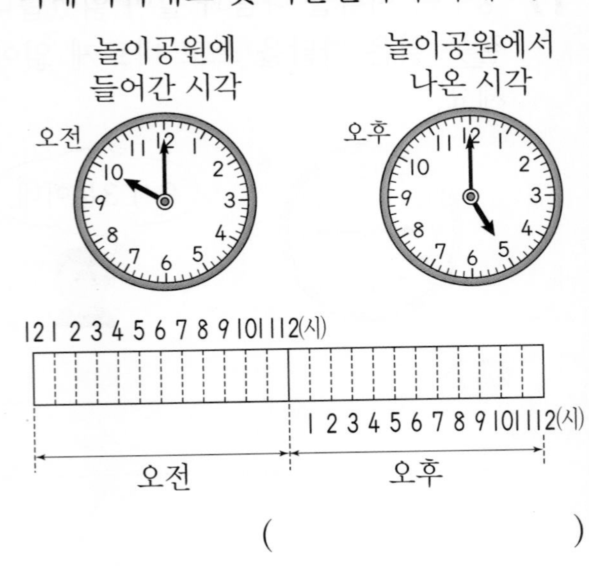

( )

9 □ 안에 알맞은 수를 써넣으세요.

53시간=□일 □시간

10 오늘 학교에 있었던 시간을 구하세요.

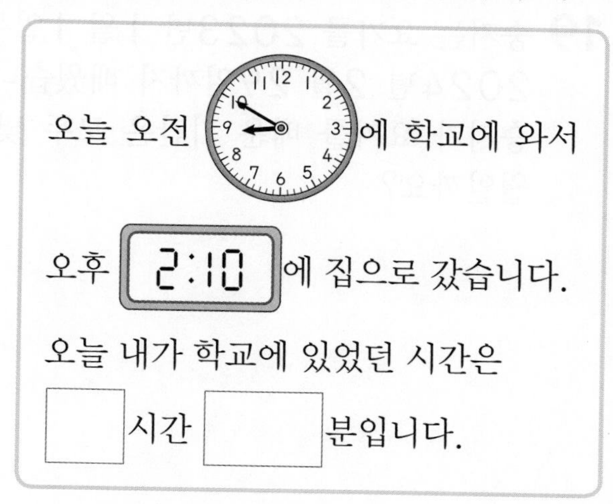

11 다예와 슬아가 아침에 일어난 시각입니다. 누가 먼저 일어났는지 이름을 써 보세요.

다예: 7시 15분 전
슬아: 6시 50분

(　　　　　　　　)

12 어느 해의 10월 달력입니다. 개교기념일은 10월 3일 개천절로부터 9일 후라면 개교기념일은 며칠인지 구하세요.

10월

일	월	화	수	목	금	토
						1
2	3 개천절	4	5	6	7	8
9	10	11	12	13	14	15
16	17	18	19	20	21	22
23	24	25	26	27	28	29
30						

(　　　　　　　　)

13 오른쪽은 거울에 비친 시계입니다. 몇 시 몇 분일까요?

(　　　　　　　　)

14 진아와 호태가 책을 읽기 시작한 시각과 끝낸 시각입니다. 책을 더 오래 읽은 사람은 누구일까요?

	시작한 시각	끝낸 시각
진아	2시 40분	3시 50분
호태	2시 50분	4시 20분

(　　　　　　　　)

15 전시회를 하는 기간은 며칠일까요?

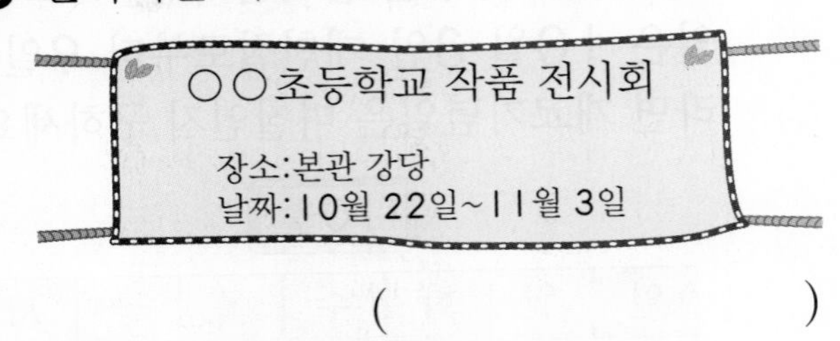

( )

16 은혜는 2시간 10분 동안 영화를 봤습니다. 영화가 끝난 시각이 11시 35분이라면 영화가 시작된 시각은 몇 시 몇 분일까요?

( )

17 어느 해 9월 달력의 일부분입니다. 이달의 토요일의 날짜를 모두 써 보세요.

일	월	화	수	목	금	토
	1	2	3	4	5	6

( )

18 시계의 짧은바늘이 3에서 9까지 가는 동안에 긴바늘은 모두 몇 바퀴 돌까요?

( )

19 승지는 요가를 2023년 1월 1일부터 2024년 2월 29일까지 배웠습니다. 승지가 요가를 배운 기간은 모두 몇 개월일까요?

( )

서술형

20 지태네 학교는 9시에 1교시 수업을 시작하여 40분 동안 수업을 하고 10분 동안 쉽니다. 2교시가 끝난 후에는 쉬는 시간이 20분입니다. 3교시가 시작하는 시각은 몇 시 몇 분인지 풀이 과정을 쓰고 답을 구하세요.

풀이

답

난이도 A B C

점수

스피드 정답 7~8쪽 | 정답 및 풀이 30쪽

1 시각을 써 보세요.

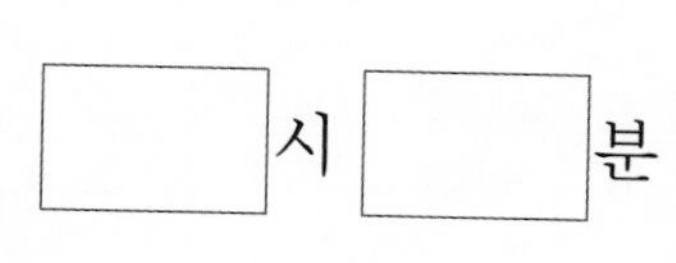
□시 □분

2 같은 시각끼리 선으로 이어 보세요.

[3~4] 시각에 맞게 시곗바늘을 그려 넣으세요.

3

9시 33분

4

11시 11분 전

5 □ 안에 알맞은 수를 써넣으세요.

- 2시간 38분=□분
- 95분=□시간 □분
- 3일 22시간=□시간

6 색칠한 부분은 장우가 등산을 한 시간을 시간 띠에 나타낸 것입니다. 장우는 몇 시간 동안 등산을 했을까요?

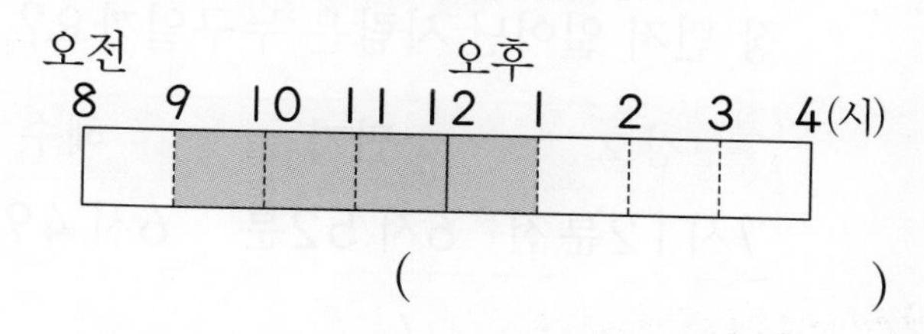

(　　　　　　　　)

7 시계를 보고 수미가 공부를 한 시간은 몇 시간 몇 분인지 구하세요.

공부를 시작한 시각　　공부를 끝낸 시각

오후

오후

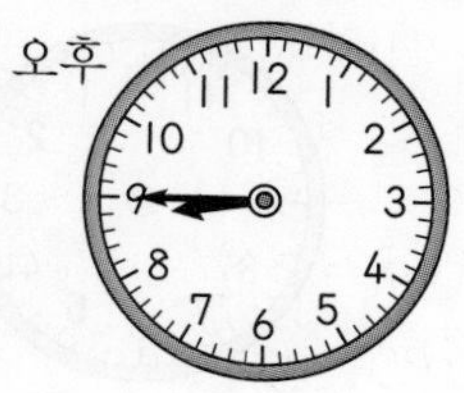

(　　　　　　　　)

8 혜지가 아침, 점심, 저녁 식사를 한 시각에 맞게 시곗바늘을 그려 넣으세요.

9 친구들이 아침에 일어난 시각입니다. 가장 먼저 일어난 사람은 누구일까요?

강호	민기	혜수
7시 12분 전	6시 52분	6시 49분

( )

10 왼쪽 시계에 시곗바늘을 그려 넣으세요.

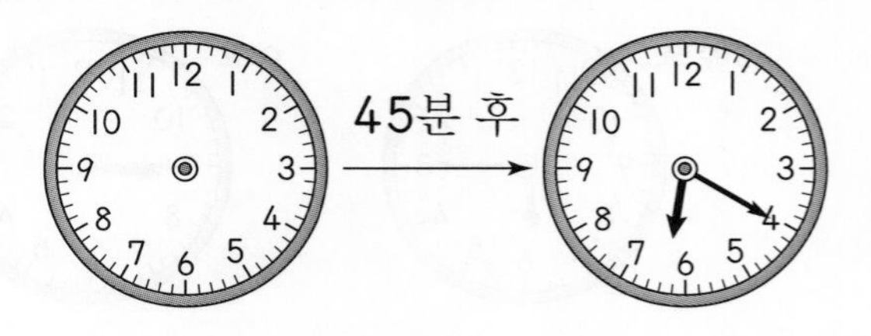

11 같은 시간이 아닌 것을 찾아 써 보세요.

88분 1시간 28분 78분

( )

12 다음 설명을 보고 동수와 승재의 생일을 알아보세요.

동수: 내 생일은 9월 마지막 날이야.
승재: 내 생일은 동수 생일보다 8일이 빨라.

동수: ☐ 월 ☐ 일

승재: ☐ 월 ☐ 일

13 동규가 시계를 보았더니 짧은바늘이 4와 5 사이, 긴바늘이 11에서 작은 눈금으로 1칸 더 간 곳을 가리키고 있습니다. 동규가 시계를 본 시각은 몇 시 몇 분일까요?

( )

14 5월 1일부터 7월 마지막 날까지 닥종이 인형 전시회가 열린다고 합니다. 전시회가 열리는 기간은 며칠일까요?

( )

15 어느 해의 3월 달력의 일부입니다. 이 달의 월요일의 날짜를 모두 써 보세요.

일	월	화	수	목	금	토
				1	2	3

( )

16 현우는 오후 6시에 책을 읽기 시작하였습니다. 시계의 긴바늘이 3바퀴를 돌았을 때 책 읽기를 끝냈습니다. 책 읽기를 끝낸 시각은 몇 시일까요?

오후 ( )

서술형

17 주아가 3시간 20분 동안 영화를 봤습니다. 영화가 끝난 시각이 4시 45분이라면 영화가 시작된 시각은 몇 시 몇 분인지 풀이 과정을 쓰고 답을 구하세요.

풀이

답 ______

18 재오가 오전 9시 45분에 집을 출발하여 오후 5시에 할머니 댁에 도착하였습니다. 재오가 집을 출발하여 할머니 댁까지 가는 데 걸린 시간은 몇 시간 몇 분일까요?

( )

19 정해네 학교는 수업 시간이 40분, 쉬는 시간이 10분입니다. 1교시가 9시에 시작되었다면, 4교시가 시작되는 시각은 몇 시 몇 분일까요?

( )

서술형

20 한 시간에 5분씩 빨라지는 시계가 있습니다. 이 시계의 시각을 오늘 오전 8시에 정확하게 맞추었습니다. 오늘 오후 8시에 이 시계가 가리키는 시각을 구하는 풀이 과정을 쓰고 답을 구하세요.

풀이

답 ______

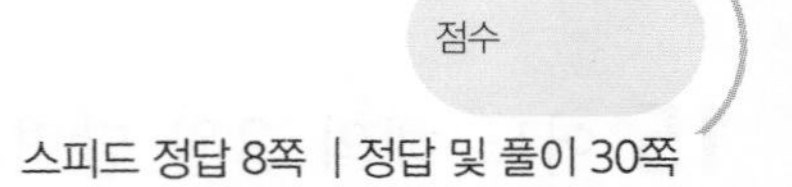

스피드 정답 8쪽 | 정답 및 풀이 30쪽

1 정규는 탁구를 18개월 동안 배웠습니다. 정규는 탁구를 몇 년 몇 개월 동안 배웠는지 구하세요.

❶ 1년은 몇 개월일까요?

( )

❷ 18개월은 몇 년 몇 개월일까요?

( )

2 지금은 오후 2시 30분입니다. 시계의 긴바늘이 두 바퀴 돈다면 몇 시 몇 분이 되는지 구하세요.

❶ 긴바늘이 두 바퀴 도는 데 걸리는 시간은 몇 시간일까요?

( )

❷ 오후 2시 30분에서 시계의 긴바늘이 두 바퀴 돈 후의 시각은 몇 시 몇 분일까요?

오후 ( )

3 석규와 근우는 학교 앞에서 오후 3시 10분 전에 만나기로 했습니다. 석규가 약속 시각보다 10분 늦었을 때 석규가 도착한 시각을 구하세요.

❶ 약속 시각은 몇 시 몇 분일까요?

오후 (　　　　　　　　　　)

❷ 석규가 도착한 시각을 구하세요.

오후 (　　　　　　　　　　)

4 단원

4 예지가 운동을 시작한 시각과 끝낸 시각입니다. 예지가 운동하는 데 걸린 시간은 몇 분인지 구하세요.

❶ 예지가 운동하는 데 걸린 시간은 몇 시간 몇 분일까요?

(　　　　　　　　　　)

❷ 예지가 운동하는 데 걸린 시간은 몇 분일까요?

(　　　　　　　　　　)

점수

스피드 정답 8쪽 | 정답 및 풀이 30~31쪽

1 노아가 책을 읽기 시작했습니다. 50분 동안 책을 읽고 보니 9시 20분이었습니다. 책을 읽기 시작한 시각은 몇 시 몇 분인지 풀이 과정을 쓰고 답을 구하세요.

풀이

답 ____________________

어떻게 풀까요?

50분은 (20분+30분)이므로 9시 20분에서 20분 전 시각, 30분 전 시각을 차례대로 구합니다.

2 수희는 월요일마다 스케이트를 타러 갑니다. 11월 1일 월요일에 스케이트를 타러갔다면 11월에 스케이트를 타러 모두 몇 번 갔는지 풀이 과정을 쓰고 답을 구하세요.

풀이

답 ____________________

어떻게 풀까요?

같은 요일은 7일마다 반복되는 것을 이용합니다.

3 민기와 현서가 수영을 시작한 시각과 끝낸 시각입니다. 민기와 현서 중 누가 수영을 더 오래 했는지 풀이 과정을 쓰고 답을 구하세요.

	시작한 시각	끝낸 시각
민기	7:20	8:40
현서	8:45	10:00

풀이

답 ______________

어떻게 풀까요?

두 사람이 수영을 한 시간을 ■시간 ▲분 또는 ●분으로 통일한 다음 비교합니다.

4 어느 해의 4월 달력의 일부분입니다. 5월 21일은 무슨 요일인지 풀이 과정을 쓰고 답을 구하세요.

4월

화	수	목	금	토
1	2	3	4	5
	9	10		

풀이

답 ______________

어떻게 풀까요?

같은 요일의 날짜를 찾습니다.

4 단원

밀크티 성취도 평가
오답 베스트 5

시각과 시간

스피드 정답 8쪽 | 정답 및 풀이 31쪽

1 어느 해 8월 달력입니다. 8월 마지막 날로부터 2주일 전은 무슨 요일일까요?

8월

일	월	화	수	목	금	토
		1	2	3	4	5
6	7	8	9	10	11	12
13	14	15	16	17	18	19
20	21	22	23	24	25	26
27	28	29	30	31		

(   )

2 오른쪽 시각을 바르게 읽은 것을 찾아 ○표 하세요.

2시 50분	2시 10분 전

3 오른쪽 시계를 보고 바르게 말한 것을 찾아 기호를 써 보세요.

㉠ 10시 10분입니다.
㉡ 10시가 되려면 10분이 더 지나야 합니다.
㉢ 11시 10분 전입니다.

(   )

4 어느 해 7월 달력입니다. 10일에서 13일 후는 무슨 요일일까요?

7월

일	월	화	수	목	금	토
	1	2	3	4	5	6
7	8	9	10	11	12	13
14	15	16	17	18	19	20
21	22	23	24	25	26	27
28	29	30	31			

(   )

5 설명을 읽고 병호의 생일은 몇 월 며칠인지 구하세요.

• 신수의 생일은 8월 마지막 날입니다.
• 병호는 신수보다 6일 먼저 태어났습니다.

(   )

표와 그래프

개념정리	106
쪽지시험	107
단원평가 1회 난이도 A	109
단원평가 2회 난이도 A	112
단원평가 3회 난이도 B	115
단원평가 4회 난이도 B	118
단원평가 5회 난이도 C	121
단계별로 연습하는 서술형 평가 ❶	124
풀이 과정을 직접 쓰는 서술형 평가 ❷	126
밀크티 성취도 평가 오답 베스트 5	128

표와 그래프

개념 1 자료를 분류하여 표로 나타내기

희영이네 반 학생들이 좋아하는 운동

희영	검도	예준	피구	도진	수영
민주	피구	재민	축구	지현	피구
현준	축구	시후	검도	유현	축구
세나	피구	지아	축구	연지	수영
세영	수영	재인	수영	은지	피구
우림	수영	정원	피구	예원	검도

희영이네 반 학생들이 좋아하는 운동별 학생 수

운동	검도	피구	축구	수영	합계
학생 수(명)	3	6	4	5	❶

개념 2 자료를 조사하여 표로 나타내기

• 자료를 조사하여 표로 나타내는 순서

① 어떤 내용을 조사할지 정하기

② 조사하는 방법 정하기

③ 조사하기

④ 조사한 자료를 표로 나타내기

개념 3 자료를 분류하여 그래프로 나타내기

• 그래프로 나타내는 순서

① 가로와 세로에 어떤 것을 나타낼지 정합니다.

② 가로와 세로를 각각 몇 칸으로 할지 정합니다.

③ 그래프에 ○, ×, / 중 하나를 선택하여 자료를 나타냅니다.

④ 그래프의 제목을 씁니다.

예 희영이네 반 학생들이 좋아하는 운동별 학생 수

6		○		
5		○		○
4		○	○	○
3	○	○	○	○
2	○	○	○	○
1	○	○	○	○
학생 수(명) / ❷	검도	피구	축구	수영

○로 표시했어요.
○ 크기는 상관없어요.

개념 4 표와 그래프의 내용 알아보기

표와 그래프를 보고 알 수 있는 내용을 찾고 각각의 편리한 점을 알아봅니다.

• 표로 나타내면 편리한 점

① 조사한 자료의 전체 수를 쉽게 알 수 있습니다.

② 조사한 자료별 학생 수를 한눈에 알기 쉽습니다.

• 그래프로 나타내면 편리한 점

① 자료의 수가 가장 많고, 가장 적은 것이 무엇인지 한눈에 알아보기 편리합니다.

개념 5 표와 그래프로 나타내기

조사한 자료를 기준을 정해 비슷한 것끼리 묶어서 분류하여 표로 나타냅니다. 표를 보고 그래프로 나타냅니다.

| 정답 | ❶ 18 ❷ 운동

쪽지시험 1회 표와 그래프

점수

스피드 정답 8쪽 | 정답 및 풀이 31쪽

[1~3] 윤희네 반 학생들이 좋아하는 음식을 조사하였습니다. 물음에 답하세요.

윤희네 반 학생들이 좋아하는 음식

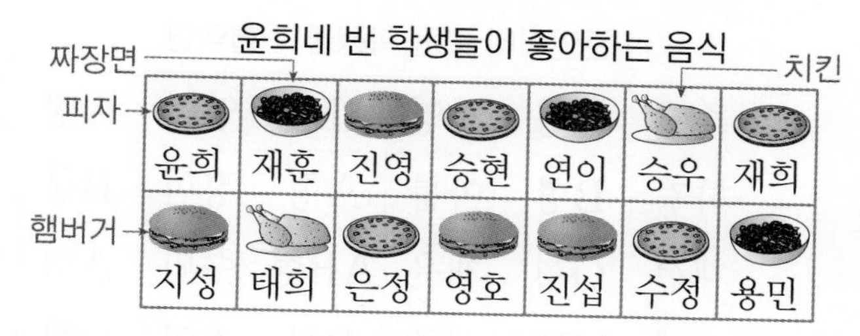

1 진섭이가 좋아하는 음식은 무엇일까요?

( )

2 윤희네 반 학생은 모두 몇 명일까요?

( )

3 자료를 보고 표로 나타내 보세요.

윤희네 반 학생들이 좋아하는 음식별 학생 수

음식	피자	짜장면	햄버거	치킨	합계
학생 수(명)					

[4~5] 표를 보고 그래프로 나타내 보세요.

좋아하는 계절별 학생 수

계절	봄	여름	가을	겨울	합계
학생 수(명)	5	6	5	4	20

4 ○를 이용하여 그래프로 나타내 보세요.

좋아하는 계절별 학생 수

6				
5				
4				
3				
2				
1				
학생 수(명) / 계절	봄	여름	가을	겨울

5 그래프의 가로에 나타낸 것은 무엇일까요?

( )

[6~10] 주호네 반 학생들이 좋아하는 동물을 조사하였습니다. 물음에 답하세요.

주호네 반 학생들이 좋아하는 동물

주호 곰	민경 낙타	태열 낙타	영민 토끼
유진 토끼	현수 토끼	서현 곰	영우 낙타
정호 얼룩말	재경 곰	지훈 얼룩말	진영 곰

6 주호가 좋아하는 동물은 무엇일까요?

( )

7 유진이가 좋아하는 동물은 무엇일까요?

( )

8 주호네 반 학생은 모두 몇 명일까요?

( )

9 자료를 보고 표로 나타내 보세요.

주호네 반 학생들이 좋아하는 동물별 학생 수

동물	곰	낙타	토끼	얼룩말	합계
학생 수(명)					

10 조사한 자료를 보고 ×를 이용하여 그래프로 나타내 보세요.

주호네 반 학생들이 좋아하는 동물별 학생 수

4				
3				
2				
1				
학생 수(명) / 동물	곰	낙타	토끼	얼룩말

표와 그래프

점수

스피드 정답 9쪽 | 정답 및 풀이 31~32쪽

[1~5] 지수가 일주일 동안 읽은 종류별 책 수를 표로 나타냈습니다. 물음에 답하세요.

일주일 동안 읽은 종류별 책 수

종류	역사책	위인전	만화책	동화책	합계
책 수(권)	1	3	2	1	7

1 표를 보고 ○를 이용하여 그래프로 나타내 보세요.

일주일 동안 읽은 종류별 책 수

3				
2				
1	○			
책 수(권) / 종류	역사책	위인전	만화책	동화책

2 가장 많이 읽은 책은 무엇일까요?

( )

3 읽은 책 수가 같은 책은 무엇과 무엇일까요?

( )

4 위인전은 역사책보다 몇 권 더 많이 읽었을까요?

( )

5 모두 몇 권의 책을 읽었을까요?

( )

[6~7] 표를 보고 물음에 답하세요.

좋아하는 아이스크림별 학생 수

아이스크림	가	나	다	라	합계
학생 수(명)	11	8	10	7	36

6 나 아이스크림을 좋아하는 학생은 몇 명일까요?

( )

7 가장 적은 학생들이 좋아하는 아이스크림의 기호를 써 보세요.

( )

[8~9] 준민이네 모둠 학생들의 혈액형을 조사하였습니다. 물음에 답하세요.

준민이네 모둠 학생들의 혈액형

준민	A형	희영	AB형	영미	A형
하경	B형	아름	A형	정현	B형
재현	O형	채윤	AB형	수민	A형
수지	AB형	성주	B형	자영	O형

8 조사한 자료를 보고 표로 나타내 보세요.

준민이네 모둠 학생들의 혈액형별 학생 수

혈액형	A형	B형	O형	AB형	합계
학생 수(명)					

9 표를 보고 ○를 이용하여 그래프로 나타내 보세요.

준민이네 모둠 학생들의 혈액형별 학생 수

4				
3				
2				
1				
학생 수(명) / 혈액형	A형	B형	O형	AB형

10 원재네 모둠 학생들이 좋아하는 빵을 조사하여 그래프로 나타냈습니다. 가장 많은 학생들이 좋아하는 빵은 무엇일까요?

원재네 모둠 학생들이 좋아하는 빵별 학생 수

4		○		
3		○	○	
2	○	○	○	
1	○	○	○	○
학생 수(명) / 빵	단팥빵	크림빵	마늘빵	소라빵

( )

단원평가 1회

표와 그래프

난이도 A B C

점수

스피드 정답 9쪽 | 정답 및 풀이 32쪽

[1~7] 유진이네 반 학생들이 좋아하는 과일을 조사하였습니다. 물음에 답하세요.

유진이네 반 학생들이 좋아하는 과일

유진	귤	효진	포도	종민	귤
혜미	포도	민우	사과	다은	포도
지예	사과	준우	사과	승현	사과
성준	사과	민지	포도	민서	사과
하영	귤	재호	사과	준호	감
동수	포도	영희	감	소현	귤

1 유진이가 좋아하는 과일은 무엇일까요?

( )

2 감을 좋아하는 학생의 이름을 모두 써 보세요.

( )

3 조사한 자료를 보고 표로 나타내 보세요.

유진이네 반 학생들이 좋아하는 과일별 학생 수

과일	사과	귤	포도	감	합계
학생 수(명)		4			

4 포도를 좋아하는 학생은 몇 명일까요?

( )

5 조사한 학생은 모두 몇 명일까요?

( )

6 3번의 표를 보고 ○를 이용하여 그래프로 나타내 보세요.

유진이네 반 학생들이 좋아하는 과일별 학생 수

7				
6				
5				
4		○		
3		○		
2		○		
1		○		
학생 수(명) / 과일	사과	귤	포도	감

7 가장 많은 학생들이 좋아하는 과일은 무엇일까요?

( )

5 단원

[8~12] 승형이네 반 학생들이 좋아하는 색깔을 조사하였습니다. 물음에 답하세요.

승형이네 반 학생들이 좋아하는 색깔

승형	노란색	수민	초록색	기찬	노란색
창수	노란색	유정	파란색	정희	초록색
선민	빨간색	지용	초록색	동현	분홍색
희민	파란색	다영	빨간색	재민	분홍색
주희	노란색	성균	초록색	영철	초록색
대진	파란색	유진	초록색	정권	파란색

8 기찬이가 좋아하는 색깔은 무엇일까요?

( )

9 분홍색을 좋아하는 학생의 이름을 모두 써 보세요.

( )

10 조사한 자료를 보고 표로 나타내 보세요.

승형이네 반 학생들이 좋아하는 색깔별 학생 수

색깔	노란색	파란색	빨간색	분홍색	초록색	합계
학생 수 (명)						

11 승형이네 반 학생은 모두 몇 명일까요?

( )

12 가장 많은 학생들이 좋아하는 색깔은 무엇일까요?

( )

[13~14] 연욱이네 반 학생들이 좋아하는 동물을 조사하였습니다. 물음에 답하세요.

연욱이네 반 학생들이 좋아하는 동물

연욱 다람쥐	지수 강아지	영수 강아지	민지 고양이	인혁 거북
미현 거북	시연 다람쥐	수영 고양이	창호 거북	혜수 다람쥐
정연 거북	찬우 강아지	병현 고양이	상은 강아지	유미 강아지

13 조사한 자료를 보고 표로 나타내 보세요.

연욱이네 반 학생들이 좋아하는 동물별 학생 수

동물	다람쥐	강아지	고양이	거북	합계
학생 수(명)	3				15

14 표로 나타내면 좋은 점에 ○표 하세요.

가장 많은 학생들이 좋아하는 동물을 알아보기 쉽습니다.	
동물별 좋아하는 학생 수를 한눈에 알아보기 쉽습니다.	

〔15~17〕 수정이네 모둠 학생들이 좋아하는 주스를 조사하여 그래프로 나타냈습니다. 물음에 답하세요.

수정이네 모둠 학생들이 좋아하는 주스별 학생 수

4		○		
3	○	○		
2	○	○		○
1	○	○	○	○
학생 수(명) / 주스	딸기	사과	키위	포도

15 포도 주스를 좋아하는 학생은 몇 명일까요?

( )

16 가장 많은 학생들이 좋아하는 주스는 무엇일까요?

( )

17 위 그래프를 보고 알 수 있는 내용을 찾아 기호를 써 보세요.

㉠ 수정이가 어떤 주스를 좋아하는지 알 수 있습니다.
㉡ 가장 적은 학생들이 좋아하는 주스가 무엇인지 알 수 있습니다.
㉢ 수정이네 반 학생들이 좋아하는 채소의 종류를 알 수 있습니다.

( )

〔18~20〕 휘상이네 반 학생들이 좋아하는 음식을 조사하여 표로 나타냈습니다. 물음에 답하세요.

휘상이네 반 학생들이 좋아하는 음식별 학생 수

음식	짜장면	햄버거	피자	통닭	라면	합계
학생 수(명)	5		6	8	3	29

18 햄버거를 좋아하는 학생은 몇 명일까요?

( )

19 피자를 좋아하는 학생은 라면을 좋아하는 학생보다 몇 명 더 많을까요?

( )

20 표를 보고 /을 이용하여 그래프로 나타내 보세요.

휘상이네 반 학생들이 좋아하는 음식별 학생 수

8					
7					
6					
5					
4					
3					
2					
1					
학생 수(명) / 음식	짜장면	햄버거	피자	통닭	라면

5 단원

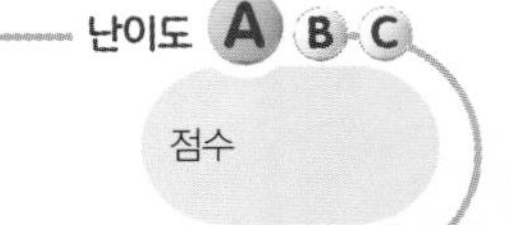

표와 그래프

스피드 정답 9쪽 | 정답 및 풀이 32~33쪽

[1~5] 희준이네 반 학생들이 좋아하는 계절을 조사하였습니다. 물음에 답하세요.

희준이네 반 학생들이 좋아하는 계절

희준	여름	아연	겨울	정숙	봄
준호	봄	정아	겨울	성찬	여름
영식	가을	민준	봄	재석	가을
소라	봄	종원	겨울	미숙	여름
은실	가을	유미	봄	하영	겨울

1 희준이가 좋아하는 계절은 무엇일까요?

( )

2 희준이네 반 학생은 모두 몇 명일까요?

( )

3 봄을 좋아하는 학생은 모두 몇 명일까요?

( )

4 가을을 좋아하는 학생들의 이름을 모두 써 보세요.

( )

5 자료를 보고 표로 나타내 보세요.

희준이네 반 학생들이 좋아하는 계절별 학생 수

계절	봄	여름	가을	겨울	합계
학생 수(명)					

[6~10] 성준이네 반 학생들이 좋아하는 운동을 조사하였습니다. 물음에 답하세요.

성준이네 반 학생들이 좋아하는 운동

성준	축구	경규	축구	태원	축구
현호	태권도	지민	태권도	기현	축구
예준	수영	형빈	줄넘기	서연	줄넘기
지희	축구	세윤	수영	지우	수영
찬호	축구	현숙	축구	동연	축구
지효	수영	동현	태권도	은진	줄넘기
아연	태권도	승현	수영	민준	수영
경미	줄넘기	세진	태권도	현수	축구

6 경규가 좋아하는 운동은 무엇일까요?

( )

7 줄넘기를 좋아하는 학생들의 이름을 모두 써 보세요.

( )

8 조사한 자료를 보고 표로 나타내 보세요.

성준이네 반 학생들이 좋아하는 운동별 학생 수

운동	축구	태권도	수영	줄넘기	합계
학생 수(명)					

9 태권도를 좋아하는 학생은 몇 명일까요?

(　　　　　　　　)

10 가장 많은 학생들이 좋아하는 운동은 무엇일까요?

(　　　　　　　　)

[11~15] 2반 학생들이 생일에 받고 싶은 선물을 조사하여 표로 나타냈습니다. 물음에 답하세요.

2반 학생들이 받고 싶은 선물별 학생 수

선물	게임기	책	인형	로봇	합계
학생 수(명)	8	6	9	7	

11 2반 학생은 모두 몇 명일까요?

(　　　　　　　　)

12 표를 그래프로 나타낼 때, 세로에 학생 수를 나타낸다면 가로에 나타낼 것은 무엇일까요?

(　　　　　　　　)

13 표를 보고 ○를 이용하여 그래프로 나타내 보세요.

2반 학생들이 받고 싶은 선물별 학생 수

9				
8				
7				
6				
5				
4				
3				
2				
1				
학생 수(명) / 선물	게임기	책	인형	로봇

14 가장 많은 학생들이 생일에 받고 싶은 선물은 무엇일까요?

(　　　　　　　　)

15 가장 적은 학생들이 생일에 받고 싶은 선물은 무엇일까요?

(　　　　　　　　)

5 단원

[16~20] 윤정이네 반 학생들이 좋아하는 꽃을 조사하였습니다. 물음에 답하세요.

윤정이네 반 학생들이 좋아하는 꽃

윤정	장미	정근	국화	용근	국화
민수	국화	수정	채송화	수경	장미
수근	채송화	재현	장미	택수	튤립
유미	튤립	영희	국화	지영	장미
대형	튤립	용택	튤립	영철	튤립
숙영	장미	미영	국화	선정	튤립
현수	국화	재박	채송화	동준	국화
지숙	튤립	규정	국화	민경	채송화

16 윤정이가 좋아하는 꽃은 무엇일까요?

( )

17 조사한 자료를 보고 표로 나타내 보세요.

윤정이네 반 학생들이 좋아하는 꽃별 학생 수

꽃	장미	국화	채송화	튤립	합계
학생 수(명)					

18 17번의 표를 보고 ×를 이용하여 그래프로 나타내 보세요.

윤정이네 반 학생들이 좋아하는 꽃별 학생 수

8				
7				
6				
5				
4				
3				
2				
1				
학생 수(명) / 꽃	장미	국화	채송화	튤립

19 18번의 그래프만을 보고 알 수 없는 것을 모두 고르세요. ⋯⋯⋯ ( )

① 가장 적은 학생들이 좋아하는 꽃
② 영철이가 좋아하는 꽃
③ 장미를 좋아하는 학생의 이름
④ 가장 많은 학생들이 좋아하는 꽃
⑤ 튤립을 좋아하는 학생 수

20 튤립을 좋아하는 학생은 장미를 좋아하는 학생보다 몇 명 더 많을까요?

( )

단원평가 3회

표와 그래프

점수

스피드 정답 10쪽 | 정답 및 풀이 33쪽

〔1~5〕 현진이네 모둠 학생들이 좋아하는 과일을 조사하였습니다. 물음에 답하세요.

현진이네 모둠 학생들이 좋아하는 과일

1 광현이가 좋아하는 과일은 무엇일까요?

( )

2 딸기를 좋아하는 학생들의 이름을 모두 써 보세요.

( )

3 조사한 자료를 보고 표로 나타내 보세요.

현진이네 모둠 학생들이 좋아하는 과일별 학생 수

과일	수박	포도	딸기	귤	합계
학생 수(명)					

4 현진이네 모둠 학생은 모두 몇 명일까요?

( )

5 가장 많은 학생들이 좋아하는 과일은 무엇일까요?

( )

〔6~8〕 선진이네 모둠 학생들이 좋아하는 채소를 조사하였습니다. 물음에 답하세요.

선진이네 모둠 학생들이 좋아하는 채소

선진	호박	지희	당근
동철	당근	인숙	호박
유영	오이	재열	가지
영옥	호박	유진	오이
대성	오이	기우	호박

6 조사한 자료를 보고 표로 나타내 보세요.

선진이네 모둠 학생들이 좋아하는 채소별 학생 수

채소	호박	당근	오이	가지	합계
학생 수(명)					

7 6번의 표를 보고 ○를 이용하여 그래프로 나타내 보세요.

선진이네 모둠 학생들이 좋아하는 채소별 학생 수

4				
3				
2				
1				
학생 수(명) / 채소	호박	당근	오이	가지

8 그래프로 나타내면 편리한 점을 설명한 것입니다. 맞으면 ○표, 틀리면 ×표 하세요.

> 가장 많은 학생들이 좋아하는 채소를 한눈에 알 수 있습니다.

( )

[9~12] 3반 학생들이 배우고 싶은 악기를 조사하여 표로 나타냈습니다. 물음에 답하세요.

3반 학생들이 배우고 싶은 악기별 학생 수

악기	오카리나	리코더	피아노	우쿨렐레	합계
학생 수(명)	7	5	8	6	

9 3반 학생은 모두 몇 명일까요?

( )

10 표를 보고 ○를 이용하여 그래프로 나타내 보세요.

3반 학생들이 배우고 싶은 악기별 학생 수

8				
7				
6				
5				
4				
3				
2				
1				
학생 수(명) / 악기	오카리나	리코더	피아노	우쿨렐레

11 가장 많은 학생들이 배우고 싶은 악기는 무엇일까요?

( )

12 피아노를 배우고 싶은 학생은 리코더를 배우고 싶은 학생보다 몇 명 더 많을까요?

( )

[13~15] 지우가 한 달 동안 읽은 종류별 책 수를 표로 나타냈습니다. 물음에 답하세요.

한 달 동안 읽은 종류별 책 수

종류	위인전	동화책	동시집	합계
책 수(권)	6	5	3	14

13 지우가 한 달 동안 읽은 동시집은 몇 권일까요?

( )

14 가장 많이 읽은 책의 종류를 써 보세요.

( )

15 위의 표를 보고 알 수 있는 내용이 아닌 것을 찾아 기호를 써 보세요.

㉠ 지우가 읽은 책의 종류를 알 수 있습니다.
㉡ 지우는 오늘 동화책을 살 것입니다.
㉢ 지우가 한 달 동안 읽은 전체 책 수를 알 수 있습니다.

( )

[16~18] 유경이네 반 학생들이 가고 싶은 나라를 조사하여 표로 나타냈습니다. 물음에 답하세요.

유경이네 반 학생들이 가고 싶은 나라별 학생 수

나라	미국	스위스	독일	프랑스	영국	합계
학생 수(명)			5	6	4	28

16 독일과 영국에 가고 싶은 학생은 모두 몇 명일까요?

( )

17 스위스에 가고 싶은 학생이 독일에 가고 싶은 학생보다 1명 더 많다고 할 때, 미국에 가고 싶은 학생은 몇 명일까요?

( )

18 가장 많은 학생들이 가고 싶은 나라는 어디일까요?

( )

[19~20] 3반 학생들이 키우고 싶은 애완동물을 조사하여 표로 나타냈습니다. 물음에 답하세요.

3반 학생들이 키우고 싶은 애완동물별 학생 수

애완동물	거북	햄스터	고양이	강아지	합계
학생 수(명)	5	7	6	8	26

서술형

19 표를 보고 그래프로 나타내려고 합니다. 그래프를 완성할 수 없는 까닭을 써 보세요.

3반 학생들이 키우고 싶은 애완동물별 학생 수

강아지						
고양이						
햄스터						
거북	○					
애완동물 / 학생 수(명)	1	2	3	4	5	6

까닭

20 표를 보고 ○를 이용하여 그래프로 나타내 보세요.

3반 학생들이 키우고 싶은 애완동물별 학생 수

강아지	
고양이	
햄스터	
거북	
애완동물 / 학생 수(명)	

단원평가 4회 표와 그래프

난이도 A B C

점수

스피드 정답 10~11쪽 | 정답 및 풀이 34쪽

[1~2] 다음은 철우의 책상 위에 있는 학용품입니다. 물음에 답하세요.

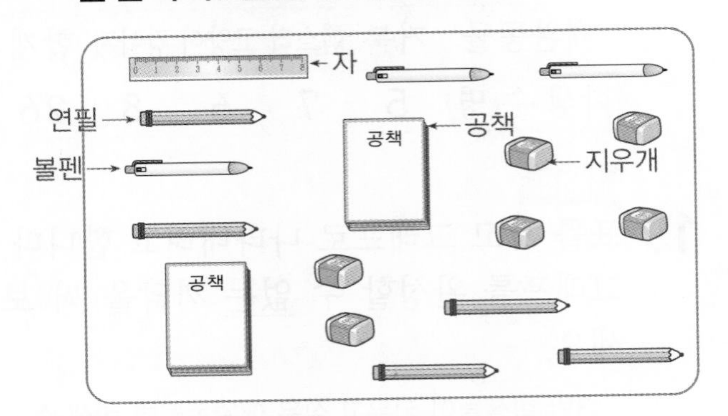

1 자료를 보고 표로 나타내 보세요.

철우의 학용품별 수

학용품	지우개	연필	공책	자	볼펜	합계
수(개)						

2 지우개는 자보다 몇 개 더 많을까요?

( )

[3~7] 영범이네 반 학생들이 좋아하는 간식을 조사하여 표로 나타냈습니다. 물음에 답하세요.

영범이네 반 학생들이 좋아하는 간식별 학생 수

간식	피자	치킨	김밥	떡볶이	합계
학생 수(명)	7	8		6	30

3 김밥을 좋아하는 학생은 몇 명일까요?

( )

4 가장 적은 학생들이 좋아하는 간식은 무엇이고, 몇 명일까요?

( ), ( )

5 치킨을 좋아하는 학생은 떡볶이를 좋아하는 학생보다 몇 명 더 많을까요?

( )

6 표를 보고 ×를 이용하여 그래프로 나타내 보세요.

영범이네 반 학생들이 좋아하는 간식별 학생 수

9				
8				
7				
6				
5				
4				
3				
2				
1				
학생 수(명) / 간식	피자	치킨	김밥	떡볶이

7 그래프의 가로에 나타낸 것은 무엇일까요?

( )

[8~10] 재연이네 반 학생들이 태어난 계절을 조사하였습니다. 물음에 답하세요.

재연이네 반 학생들이 태어난 계절

재연	가을	미숙	가을	규철	겨울
주리	가을	시연	가을	전호	여름
진현	겨울	수경	봄	민경	가을
아름	여름	지숙	겨울	지영	봄
영태	여름	미영	가을	혁재	겨울
미란	여름	홍철	가을	민석	봄

8 자료를 보고 ○를 이용하여 그래프로 나타내 보세요.

재연이네 반 학생들이 태어난 계절별 학생 수

겨울							
가을							
여름							
봄							
( ) / 학생 수(명)	1	2	3	4	5	6	7

9 가장 많은 학생들이 태어난 계절을 써 보세요.

( )

10 가을에 태어난 학생 수와 겨울에 태어난 학생 수의 차는 몇 명일까요?

( )

[11~14] 3반 학생들이 좋아하는 동물을 조사하여 표로 나타냈습니다. 물음에 답하세요.

3반 학생들이 좋아하는 동물별 학생 수

동물	코끼리	원숭이	기린	호랑이	합계
학생 수(명)	3	5	4	6	

11 표를 보고 ○를 이용하여 그래프로 나타내 보세요.

3반 학생들이 좋아하는 동물별 학생 수

6				
5				
4				
3				
2				
1				
학생 수(명) / 동물	코끼리	원숭이	기린	호랑이

12 가장 많은 학생들이 좋아하는 동물은 무엇일까요?

( )

13 3반 학생은 모두 몇 명일까요?

( )

14 표와 그래프 중에서 3반 전체 학생 수를 알아보기에 더 편리한 것은 무엇일까요?

( )

〔15~17〕 준수네 반 학생들이 좋아하는 음료수를 조사하여 표로 나타냈습니다. 물음에 답하세요.

준수네 반 학생들이 좋아하는 음료수별 학생 수

음료수	주스	생수	식혜	우유	합계
학생 수(명)	8	4	6	7	25

15 가장 적은 학생들이 좋아하는 음료수는 무엇일까요?

( )

16 우유를 좋아하는 학생은 생수를 좋아하는 학생보다 몇 명 더 많을까요?

( )

17 표를 보고 ○를 이용하여 그래프로 나타내 보세요.

준수네 반 학생들이 좋아하는 음료수별 학생 수

8				
7				
6				
5				
4				
3				
2				
1				
학생 수(명) / 음료수	주스	생수	식혜	우유

〔18~20〕 유림이네 모둠 학생들이 일주일 동안 읽은 책 수를 조사하여 그래프로 나타냈습니다. 물음에 답하세요.

유림이네 모둠 학생들이 일주일 동안 읽은 책 수

5			○	
4	○		○	
3	○		○	○
2	○	○	○	○
1	○	○	○	○
책 수(권) / 이름	유림	현우	지수	성현

18 유림이는 일주일 동안 책을 몇 권 읽었을까요?

( )

19 일주일 동안 책을 가장 적게 읽은 사람은 누구일까요?

( )

서술형

20 지현이네 모둠 학생들이 일주일 동안 읽은 책 수는 모두 21권입니다. 유림이네 모둠과 지현이네 모둠 중에서 어떤 모둠이 일주일 동안 읽은 책의 수가 몇 권 더 많은지 풀이 과정을 쓰고 답을 구하세요.

풀이

답 ____________, ____________

단원평가 5회

표와 그래프

난이도 A B C

점수

스피드 정답 11쪽 | 정답 및 풀이 34~35쪽

〔1~4〕 성한이네 반 학생들이 좋아하는 꽃을 조사하여 나타낸 것입니다. 물음에 답하세요.

성한이네 반 학생들이 좋아하는 꽃

성한	용필	은미	홍철	나라
은정	수지	지훈	대훈	소은
민규	다연	재희	승주	정아

코스모스 장미 백합 튤립

1 홍철이가 좋아하는 꽃은 무엇일까요?

( )

2 코스모스를 좋아하는 학생들의 이름을 모두 써 보세요.

( )

3 성한이네 반 학생은 모두 몇 명일까요?

( )

4 조사한 자료를 보고 표로 나타내 보세요.

성한이네 반 학생들이 좋아하는 꽃별 학생 수

꽃	코스모스	장미	백합	튤립	합계
학생 수(명)					

〔5~7〕 1반 학생들이 좋아하는 케이크를 조사하여 표로 나타냈습니다. 물음에 답하세요.

1반 학생들이 좋아하는 케이크별 학생 수

케이크	생크림	치즈	고구마	초콜릿	합계
학생 수(명)	6		3	5	21

5 치즈 케이크를 좋아하는 학생은 몇 명일까요?

( )

6 표를 보고 ○를 이용하여 그래프로 나타내 보세요.

1반 학생들이 좋아하는 케이크별 학생 수

7				
6				
5				
4				
3				
2				
1				
학생 수(명) / 케이크	생크림	치즈	고구마	초콜릿

7 그래프를 보고 바르게 말한 사람은 누구일까요?

현섭: 가장 많은 학생들이 좋아하는 케이크는 초콜릿 케이크야.
아연: 고구마 케이크를 좋아하는 학생 수가 가장 적어.

( )

[8~10] 선호네 반 학생들이 좋아하는 계절을 조사하였습니다. 물음에 답하세요.

선호네 반 학생들이 좋아하는 계절

선호	가을	진우	겨울	진용	겨울
정현	봄	철우	여름	형석	가을
윤호	여름	성찬	가을	준기	봄
지연	가을	성근		지윤	봄
희경	봄	찬식	가을	창수	겨울
유정	가을	인경	여름	윤규	가을
희곤	겨울	미경	봄	대성	가을
현수	봄	연주	여름	연경	겨울

8 선호네 반 학생들 중 여름을 좋아하는 학생은 모두 4명입니다. 이름을 모두 써 보세요.

( )

9 좋아하는 학생 수가 같은 두 계절이 있다면 성근이가 좋아하는 계절은 무엇일까요?

( )

10 조사한 자료를 보고 표로 나타내 보세요.

선호네 반 학생들이 좋아하는 계절별 학생 수

계절	봄	여름	가을	겨울	합계
학생 수 (명)					

[11~15] 주원이가 한 달 동안 읽은 종류별 책 수를 조사하여 표로 나타냈습니다. 물음에 답하세요.

한 달 동안 읽은 종류별 책 수

종류	과학책	동시집	만화책	동화책	역사책	합계
책 수 (권)	2	6	5	3	4	20

11 가장 많이 읽은 책과 가장 적게 읽은 책의 수의 차는 몇 권일까요?

( )

12 표를 그래프로 나타낼 때 가로에 책 수를 나타낸다면 세로에는 무엇을 나타내야 할까요?

( )

13 표를 보고 ○를 이용하여 그래프로 나타내 보세요.

한 달 동안 읽은 종류별 책 수

역사책						
동화책						
만화책						
동시집						
과학책						
□ / 책 수(권)	1	2	3	4	5	6

14 4권보다 많이 읽은 책을 모두 써 보세요.

( )

15 그래프를 보고 알 수 있는 내용이 아닌 것의 기호를 써 보세요.

㉠ 주원이가 한 달 동안 가장 많이 읽은 책은 동시집입니다.
㉡ 주원이가 가장 좋아하는 책은 역사책입니다.
㉢ 주원이는 동화책보다 만화책을 더 많이 읽었습니다.

( )

[16~20] 수영이네 반 학생들이 좋아하는 운동을 조사하여 표로 나타냈습니다. 물음에 답하세요.

수영이네 반 학생들이 좋아하는 운동별 학생 수

운동	축구	야구	배구	농구	합계
학생 수(명)	3	6			18

16 수영이네 반 학생은 모두 몇 명일까요?

( )

서술형

17 농구를 좋아하는 학생이 배구를 좋아하는 학생보다 한 명 더 많다고 합니다. 농구를 좋아하는 학생은 몇 명인지 풀이 과정을 쓰고 답을 구하세요.

풀이

답 ______

18 표를 보고 ○를 이용하여 그래프로 나타내 보세요.

수영이네 반 학생들이 좋아하는 운동별 학생 수

6				
5				
4				
3				
2				
1				
학생 수(명) / 운동	축구	야구	배구	농구

19 가장 많은 학생들이 좋아하는 운동부터 차례대로 써 보세요.

( )

서술형

20 그래프로 나타내면 편리한 점을 한 가지 써 보세요.

______

______

5 단원

표와 그래프

점수

스피드 정답 11쪽 | 정답 및 풀이 35쪽

1 주현이네 반 학생들이 좋아하는 반찬을 조사하였습니다. 조사한 자료를 보고 표로 나타내고, 가장 많은 학생들이 좋아하는 반찬은 무엇인지 알아보세요.

주현이네 반 학생들이 좋아하는 반찬

김치: 주현, 민정, 성모, 정호, 원정

제육볶음: 윤주, 유미, 신아, 주아, 새미, 수진

시금치나물: 우진, 영호, 세영, 성진

오징어볶음: 윤애, 경하, 시현, 은미, 은주, 보경, 지해

소시지: 보라, 성운, 현경, 설희, 지은, 지민, 근영, 희윤

❶ 각 반찬을 좋아하는 학생은 몇 명인지 구하세요.

김치 (　　　　　　)
제육볶음 (　　　　　　)
시금치나물 (　　　　　　)
오징어볶음 (　　　　　　)
소시지 (　　　　　　)

❷ 주현이네 반 학생은 모두 몇 명일까요?

(　　　　　　)

❸ 조사한 자료를 보고 표로 나타내 보세요.

주현이네 반 학생들이 좋아하는 반찬별 학생 수

반찬	김치	제육볶음	시금치나물	오징어볶음	소시지	합계
학생 수(명)						

❹ 가장 많은 학생들이 좋아하는 반찬에 ○표 하세요.

김치　　제육볶음　　시금치나물　　오징어볶음　　소시지

2 승진이네 반 학생들이 좋아하는 간식을 조사하였습니다. 조사한 자료를 보고 ○를 이용하여 그래프로 나타내 보세요.

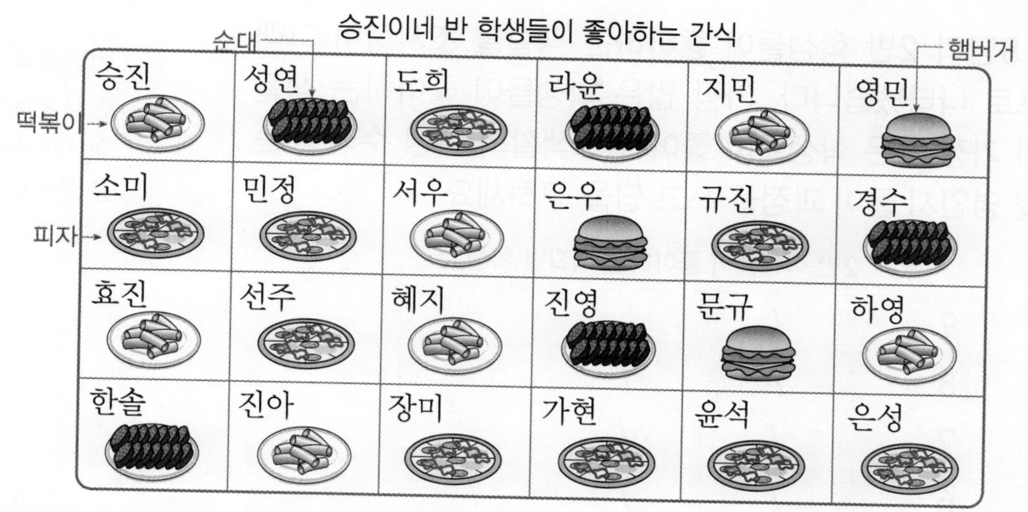

❶ 자료를 보고 표로 나타내 보세요.

승진이네 반 학생들이 좋아하는 간식별 학생 수

간식	떡볶이	순대	피자	햄버거	합계
학생 수(명)					

❷ 표를 보고 ○를 이용하여 그래프로 나타내 보세요.

승진이네 반 학생들이 좋아하는 간식별 학생 수

9				
8				
7				
6				
5				
4				
3				
2				
1				
학생 수(명) / □	떡볶이	순대	피자	햄버거

풀이 과정을 직접 쓰는

서술형 평가 ②

표와 그래프

점수

스피드 정답 11~12쪽 | 정답 및 풀이 36쪽

1 28명의 2반 학생들이 좋아하는 색깔을 조사하여 그래프로 나타냈습니다. 가장 많은 학생들이 좋아하는 색깔과 가장 적은 학생들이 좋아하는 색깔의 학생 수의 차는 몇 명인지 풀이 과정을 쓰고 답을 구하세요.

2반 학생들이 좋아하는 색깔별 학생 수

9	/			
8	/	/		
7	/	/		
6	/	/	/	
5	/	/	/	
4	/	/	/	
3	/	/	/	
2	/	/	/	
1	/	/	/	
학생 수(명) / 색깔	빨강	초록	노랑	파랑

어떻게 풀까요?

먼저 전체 학생 수를 이용하여 파랑을 좋아하는 학생 수를 구합니다.

풀이

답

2 2반 학생 23명이 좋아하는 음식을 조사하여 그래프로 나타냈습니다. 탕수육을 좋아하는 학생이 짬뽕을 좋아하는 학생보다 2명 더 많다면 탕수육을 좋아하는 학생은 몇 명인지 풀이 과정을 쓰고 답을 구하세요.

2반 학생들이 좋아하는 음식별 학생 수

8	○			
7	○			
6	○			
5	○			○
4	○			○
3	○			○
2	○			○
1	○			○
학생 수(명) / 음식	짜장면	짬뽕	탕수육	깐풍기

풀이

답

어떻게 풀까요?

짬뽕을 좋아하는 학생 수를 □명이라 하여 식을 세워 봅니다.

밀크티 성취도 평가

오답 베스트 5

표와 그래프

스피드 정답 12쪽 | 정답 및 풀이 36쪽

1 2학년 1반 학생들의 혈액형을 조사하여 나타낸 표입니다. 빈칸에 알맞은 수를 찾아 ○표 하세요.

2학년 1반 학생들의 혈액형별 학생 수

혈액형	A형	B형	O형	AB형	합계
학생 수(명)		7	3	2	20

(7 , 8 , 9)

2 민서네 모둠 학생들이 1주일 동안 읽은 책 수를 조사하여 나타낸 그래프입니다. 잘못 설명한 것을 찾아 기호를 써 보세요.

민서네 모둠 학생들이 1주일 동안 읽은 책 수

6		○			
5		○		○	
4	○	○		○	
3	○	○	○	○	
2	○	○	○	○	○
1	○	○	○	○	○
책 수(권) / 이름	민서	규종	하영	연희	준우

㉠ 하영이는 1주일 동안 책을 3권 읽었습니다.
㉡ 조사한 학생은 모두 4명입니다.
㉢ 규종이는 민서보다 책을 2권 더 많이 읽었습니다.

(　　　　　　　　)

3 경민이네 반 학생들이 좋아하는 음료수를 조사하여 표로 나타냈습니다. 주스를 좋아하는 학생은 몇 명일까요?

좋아하는 음료수별 학생 수

음료수	우유	식혜	주스	사이다	합계
학생 수(명)	2	1	3	2	8

(　　　　　　　　)

4 수진이네 반 학생들이 좋아하는 계절을 조사하여 나타낸 그래프입니다. 모두 몇 명을 조사하였을까요?

좋아하는 계절별 학생 수

4				○
3				○
2	○		○	○
1	○	○	○	○
학생 수(명) / 계절	봄	여름	가을	겨울

(　　　　　　　　)

5 민우네 반 학생들이 좋아하는 과일을 조사하여 나타낸 그래프입니다. 그래프에서 알 수 있는 내용을 찾아 기호를 써 보세요.

좋아하는 과일별 학생 수

4		×		
3		×	×	
2		×	×	×
1	×	×	×	×
학생 수(명) / 과일	사과	딸기	바나나	귤

㉠ 민우는 사과를 좋아합니다.
㉡ 가장 많은 학생들이 좋아하는 과일은 딸기입니다.

(　　　　　　　　)

규칙 찾기

개념정리	130
쪽지시험	131
단원평가 1회 난이도 A	133
단원평가 2회 난이도 A	136
단원평가 3회 난이도 B	139
단원평가 4회 난이도 B	142
단원평가 5회 난이도 C	145
단계별로 연습하는 서술형 평가 ❶	148
풀이 과정을 직접 쓰는 서술형 평가 ❷	150
밀크티 성취도 평가 오답 베스트 5	152

개념 1 무늬에서 규칙 찾기

(1)

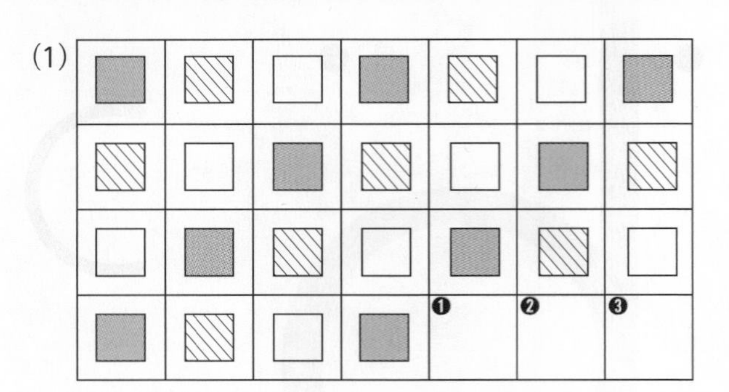

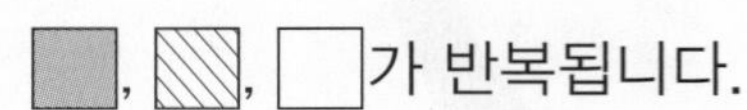
가 반복됩니다.

(2)

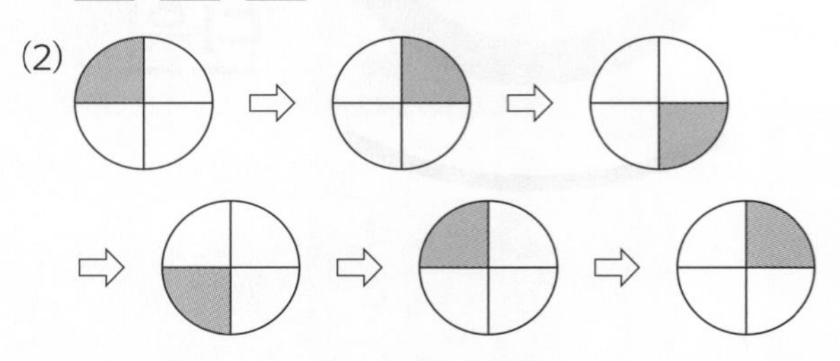

색칠되어 있는 부분이 시계 방향으로 돌아가고 있습니다.

개념 2 쌓은 모양에서 규칙 찾기

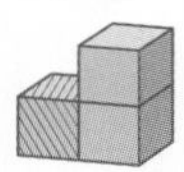   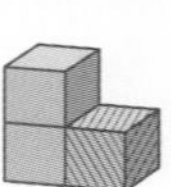

2층으로 쌓은 쌓기나무가 있고 빗금 친 쌓기나무 1개가 왼쪽, 오른쪽으로 번갈아 가며 나타나고 있습니다.

개념 3 덧셈표에서 규칙 찾기

+	1	3	5	7
1	2	4	6	8
3	4	6	8	10
5	6	8	10	12
7	8	10	12	14

아래쪽으로 내려갈수록 2씩 커지는 규칙이 있습니다.

개념 4 곱셈표에서 규칙 찾기

×	1	3	5	7	
1	1	3	5	7	→ 2씩 커져요.
3	3	9	15	21	→ 6씩 커져요.
5	5	15	25	35	→ 10씩 커져요.
7	7	21	35	49	→ 14씩 커져요.

오른쪽으로 갈수록 일정한 수만큼 커지는 규칙이 있습니다.

개념 5 생활에서 규칙 찾기

(1) 신호등에서 규칙 찾기

신호등은 초록색 → 노란색 → ❹ [ ] 의 순서로 등의 색깔이 바뀌는 규칙이 있습니다.

(2) 달력에서 규칙 찾기

8월

일	월	화	수	목	금	토
			1	2	3	4
5	6	7	8	9	10	11
12	13	14	15	16	17	18
19	20	21	22	23	24	25
26	27	28	29	30	31	

달력에서 모든 요일은 ❺ [ ] 일마다 반복되는 규칙이 있습니다.

| 정답 | ❶ ▧ ❷ □ ❸ ■ ❹ 빨간색 ❺ 7

쪽지시험 1회 규칙 찾기

점수

스피드 정답 12쪽 | 정답 및 풀이 36쪽

[1~2] 규칙을 찾아 빈칸에 알맞은 모양을 그려 보세요.

1 □ △ ○ □ △ ○ □ [ ]

2

[3~4] 그림을 보고 물음에 답하세요.

3 규칙을 찾아 빈칸에 알맞은 모양을 그려 보세요.

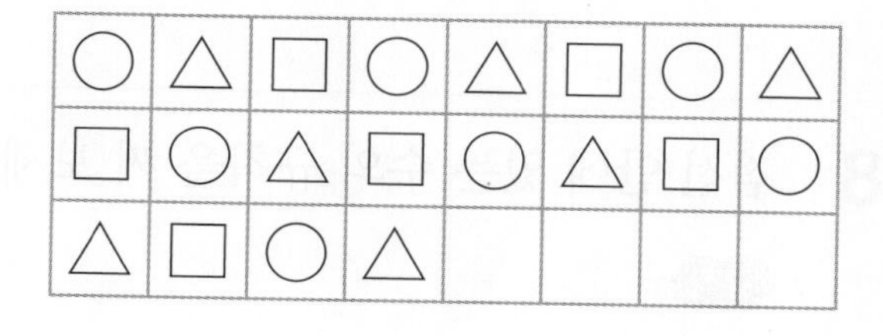

4 위의 모양을 ○는 1, △는 2, □는 3으로 바꾸어 나타내 보세요.

1	2	3	1	2	3	1	2
3	1	2	3	1	2	3	1

5 규칙을 찾아 네모 안에 •을 알맞게 그려 보세요.

6 규칙에 따라 쌓기나무를 쌓았습니다. □ 안에 알맞은 수를 써넣으세요.

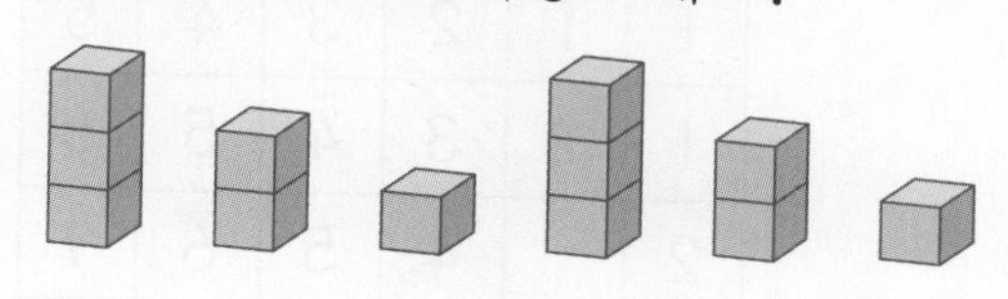

⇨ 쌓기나무가 3층, [ ]층, [ ]층으로 반복됩니다.

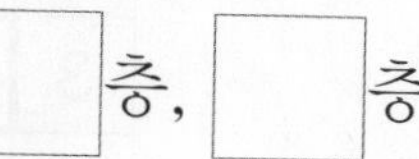

[7~9] 그림을 보고 물음에 답하세요.

○	□	○	□	□	○	□	□
□	○	□	□	□	□		
				○	□	□	□

7 규칙을 찾아 빈칸에 알맞은 모양을 그려 보세요.

8 위의 모양을 ○는 0, □는 1로 바꾸어 나타내 보세요.

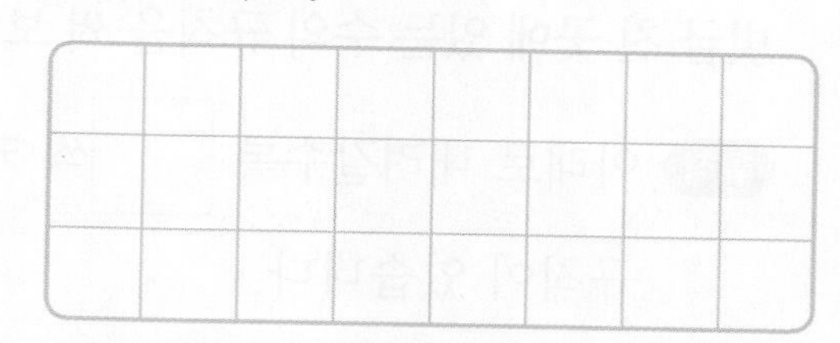

9 8번에서 규칙을 찾아 써 보세요.

규칙 ______________________

10 쌓기나무로 다음과 같은 모양을 쌓았습니다. 쌓은 규칙을 써 보세요.

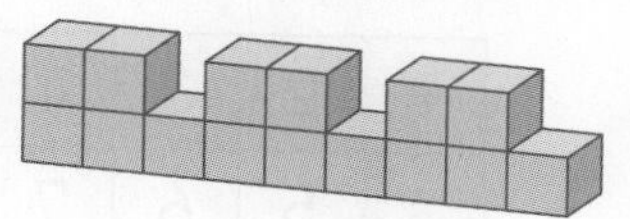

규칙 쌓기나무의 수가 왼쪽에서 오른쪽으로 2개, [ ]개, [ ]개씩 반복됩니다.

규칙 찾기

점수

스피드 정답 12쪽 | 정답 및 풀이 36쪽

[1~4] 덧셈표를 보고 물음에 답하세요.

+	1	2	3	4	5
1	2	3	4	5	6
2		4	5	6	7
3		5	6	7	8
4		6		8	9
5		7			10

1 규칙을 찾아 빈칸에 알맞은 수를 써넣으세요.

2 굵은 선 안에 있는 수의 규칙을 써 보세요.

규칙 오른쪽으로 갈수록 □씩 커지는 규칙이 있습니다.

3 빗금 친 곳에 있는 수의 규칙을 써 보세요.

규칙 아래로 내려갈수록 □씩 커지는 규칙이 있습니다.

4 점선에 놓인 수의 규칙을 써 보세요.

규칙 ______________________

5 덧셈표의 빈칸에 알맞은 수를 써넣으세요.

+	2	3	4	5
3	5	6	7	8
4	6	7	8	
5	7	8		
6	8			

[6~9] 곱셈표를 보고 물음에 답하세요.

×	1	2	3	4	5	6
1	1	2	3	4	5	6
2	2	4	6	8	10	12
3	3	6	9	12	15	18
4	4	8				
5	5	10				
6	6	12	18	24	30	36

6 규칙을 찾아 빈칸에 알맞은 수를 써넣으세요.

7 굵은 선 안에 있는 수의 규칙을 써 보세요.

규칙 ______________________

8 점선 안에 있는 수의 규칙을 써 보세요.

규칙 ______________________

9 빗금 친 곳과 규칙이 같은 곳을 찾아 색칠해 보세요.

10 어느 해 2월의 달력을 보고 월요일에 있는 수의 규칙을 써 보세요.

2월

일	월	화	수	목	금	토
1	2	3	4	5	6	7
8	9	10	11	12	13	14
15	16	17	18	19	20	21
22	23	24	25	26	27	28

규칙 ______________________

단원평가 1회

규칙 찾기

난이도 A B C

점수

스피드 정답 12쪽 | 정답 및 풀이 36~37쪽

〔1~2〕 그림을 보고 물음에 답하세요.

1 규칙을 찾아 ○ 안에 알맞은 색깔을 써넣으세요.

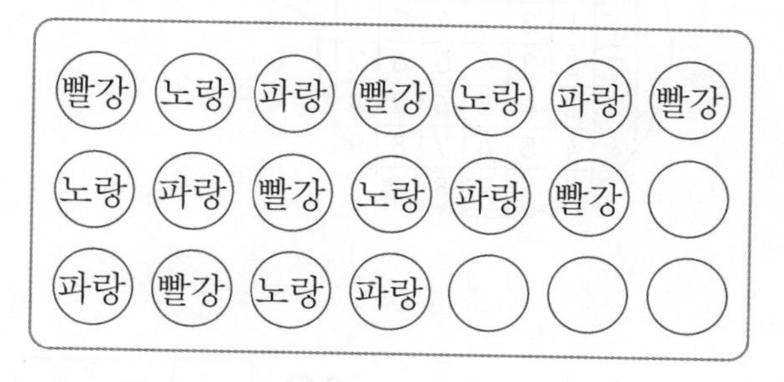

2 위의 모양을 빨강은 1, 노랑은 3, 파랑은 5로 바꾸어 나타내 보세요.

1	3	5	1	3	5	1
3	5	1	3	5		

3 소현이는 규칙적으로 구슬을 꿰어 목걸이를 만들려고 합니다. 규칙에 맞게 빈칸에 색깔을 써넣으세요.

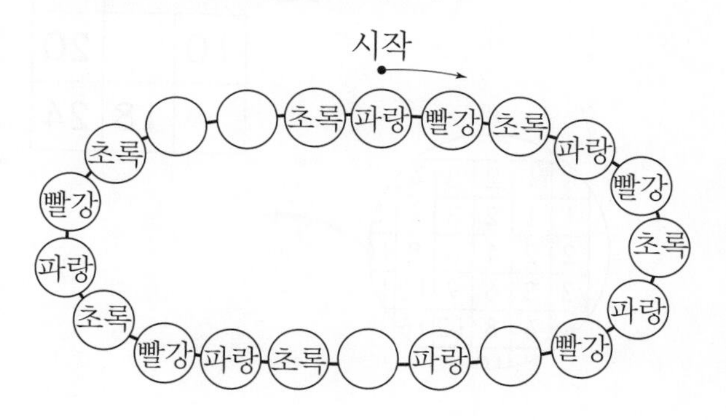

4 규칙을 찾아 △를 알맞게 그려 보세요.

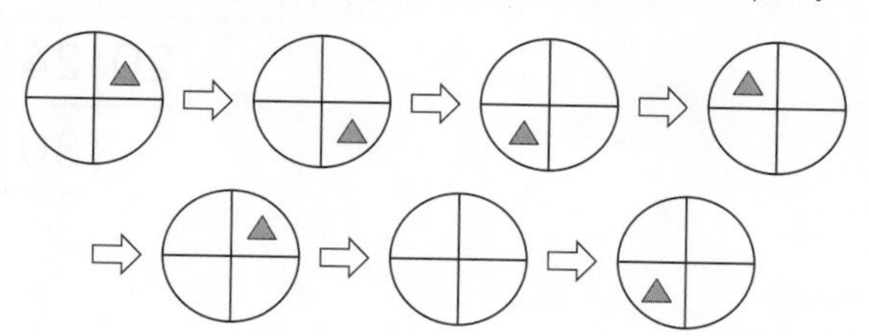

〔5~7〕 덧셈표를 보고 물음에 답하세요.

+	0	1	2	3	4
0	0	1	2	3	4
1	1	2	3	4	5
2	2	3	4	5	6
3	3				
4	4				

5 덧셈표에서 규칙을 찾아 빈칸에 알맞은 수를 써넣으세요.

6 굵은 선 안에 있는 수의 규칙을 써 보세요.

규칙 오른쪽으로 갈수록 ☐씩 커지는 규칙이 있습니다.

7 점선에 놓인 수의 규칙을 써 보세요.

규칙 ______________________

[8~9] 곱셈표를 보고 물음에 답하세요.

×	2	4	6	8
2	4	8	12	16
4	8	16	24	
6	12	24	36	48
8	16		48	64

8 굵은 선 안에 있는 수의 규칙을 써 보세요.

규칙 아래로 내려갈수록 ☐씩 커지는 규칙이 있습니다.

9 빈칸에 공통으로 들어갈 수는 무엇일까요?

(　　　　　　　　)

10 벽에 한글로 디자인한 타일을 규칙에 따라 놓았습니다. 규칙에 맞게 빈칸을 완성해 보세요.

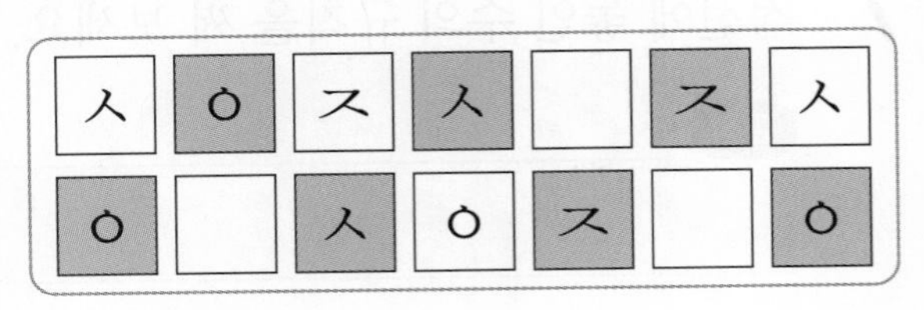

[11~12] 덧셈표에서 규칙을 찾아 빈칸에 알맞은 수를 써넣으세요.

11

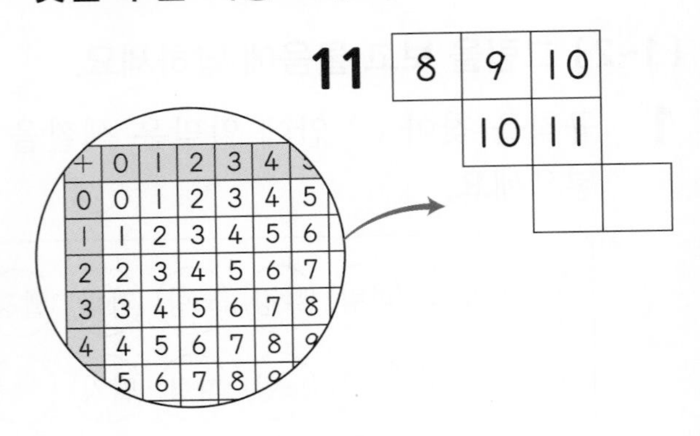

12

6	7	8
		9

[13~14] 곱셈표에서 규칙을 찾아 빈칸에 알맞은 수를 써넣으세요.

13

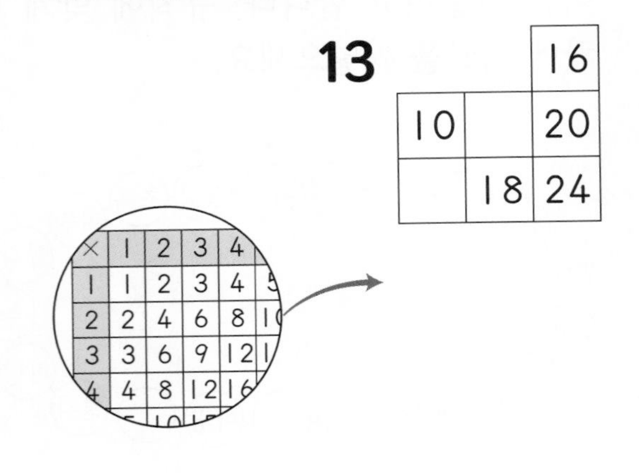

14

12	15		
	20	24	
		30	

[15~16] 규칙에 맞게 □ 안에 알맞은 모양을 그려 보고, 규칙을 써 보세요.

15 ◍ ▲ ◍ ▲ ◍ ▲ ◍ ▲ □ □ □

규칙 ______________________

____

16 △ □ ◍ △ □ ◍ △ □ ◍ △ □ □ □

규칙 ______________________

____

17 공연장 의자 번호에서 규칙을 찾아 쓰고, 승희의 의자 번호는 '나 구역 17번'일 때, 승희의 자리를 찾아 ○표 하세요.

무대

가

1	2	3	4	5	6
7	8	9	10	11	12
13	14	15	16	17	18
19	20	21	22	23	24
25	26	27	28	29	30

나

1	2	3	4	5	6
7	8	9	10	11	12
13	14	15	16	17	18
19	20	21	22	23	24
25	26	27	28	29	30

규칙 ______________________

____

18 규칙에 따라 쌓기나무를 쌓아 갈 때 빈칸에 들어갈 쌓기나무는 몇 개일까요?

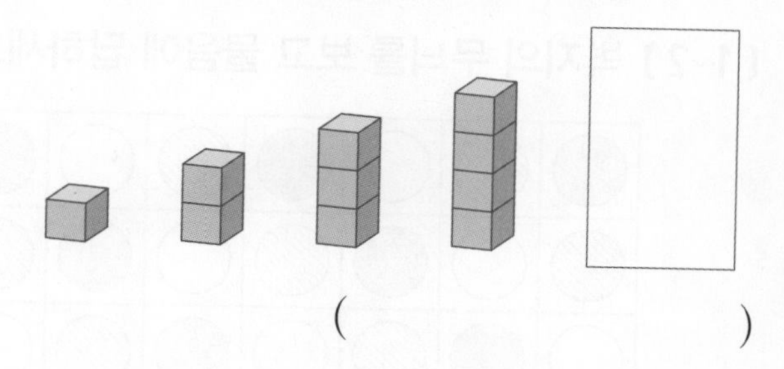

( )

[19~20] 어느 해 12월의 달력입니다. 물음에 답하세요.

12월

일	월	화	수	목	금	토
	1	2	3	4	5	6
7	8	9	10	11	12	13
14	15	16	17	18	19	20
21	22	23	24	25	26	27
28	29	30	31			

19 월요일에 있는 수의 규칙을 써 보세요.

규칙 ______________________

____

20 위 달력에서 찾을 수 있는 규칙을 써 보세요.

규칙 ______________________

____

단원평가 2회 규칙 찾기

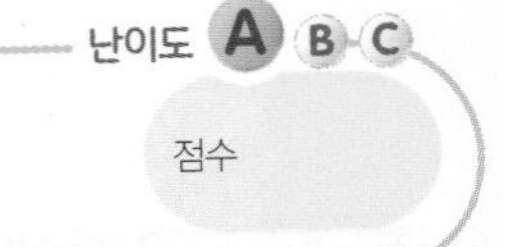

스피드 정답 12~13쪽 | 정답 및 풀이 37쪽

[1~2] 벽지의 무늬를 보고 물음에 답하세요.

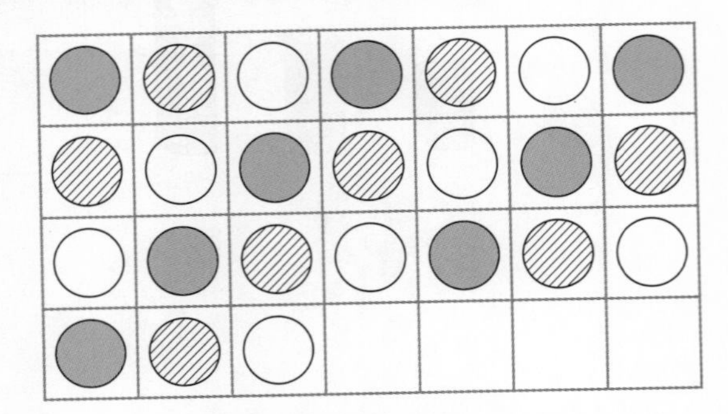

1 벽지의 무늬에 어떤 규칙이 있는지 써 보세요.

규칙 ______________________

____

2 빈칸에 알맞은 무늬를 그려 보세요.

3 규칙을 찾아 빈칸에 알맞은 모양을 그려 보세요.

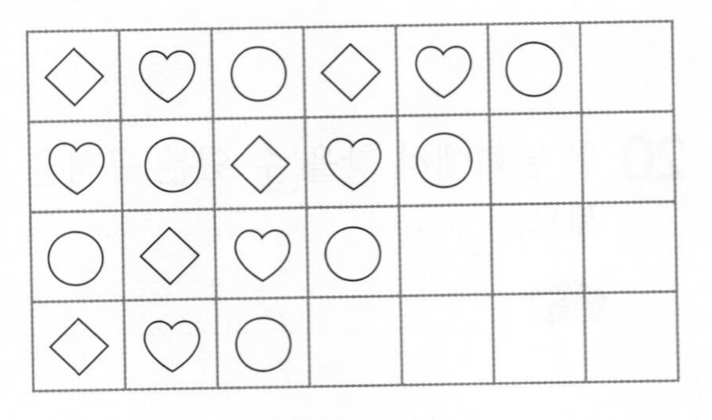

[4~5] 그림을 보고 물음에 답하세요.

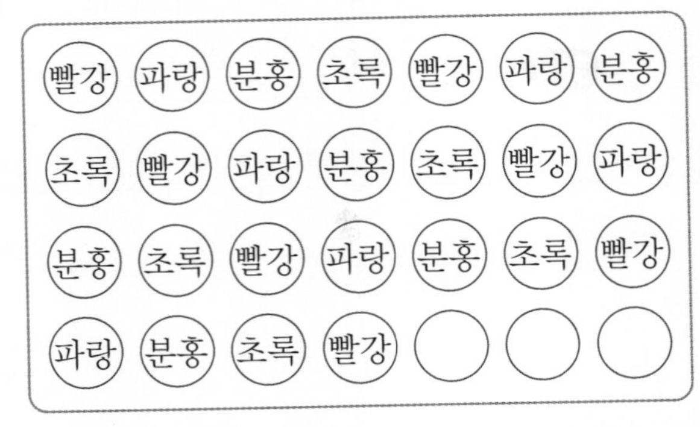

4 규칙을 찾아 빈칸에 알맞은 색깔을 써넣으세요.

5 빨강은 1, 파랑은 2, 분홍은 3, 초록은 4로 바꾸어 나타내 보세요.

1	2	3	4	1	2	3
4	1	2	3			

6 규칙을 찾아 세모 안에 ●를 알맞게 그려 보세요.

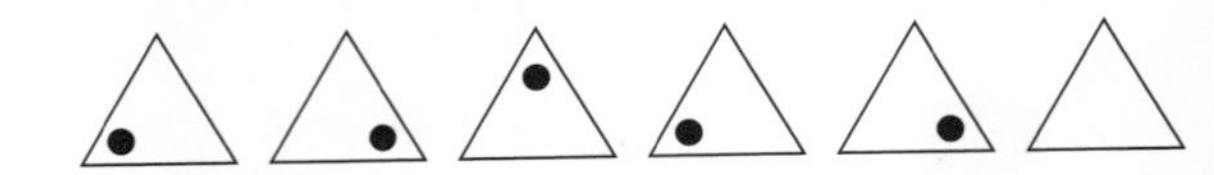

7 규칙에 따라 쌓기나무를 쌓았습니다. □ 안에 알맞은 수를 써넣으세요.

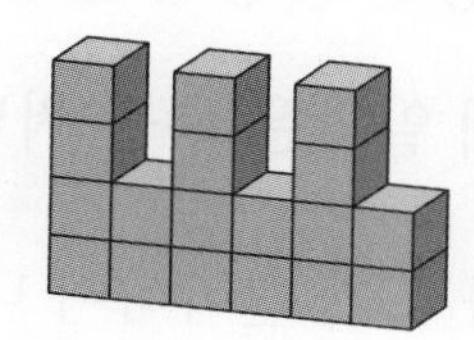

쌓기나무의 수가 왼쪽에서 오른쪽으로 □개, □개씩 반복됩니다.

[8~9] 덧셈표를 보고 물음에 답하세요.

+	0	1	2	3
0	0		2	3
1	1	2	3	
2	2	3		5
3		4	5	

8 규칙을 찾아 빈칸에 알맞은 수를 써넣으세요.

9 점선 위에 있는 수는 어떤 규칙이 있는지 □ 안에 알맞은 수를 써넣으세요.

↘ 방향으로 갈수록 □씩 커지는 규칙이 있습니다.

[10~12] 곱셈표를 보고 물음에 답하세요.

×	1	2	3	4	5
1	1	2	3	4	5
2	2	4	6	8	10
3	3	6	9	12	15
4	4	8	12	16	20
5	5	10	15	20	25

10 빗금 친 곳에 있는 수와 규칙이 같은 곳을 찾아 색칠해 보세요.

11 굵은 선 안에 있는 수의 규칙을 써 보세요.

규칙 ______________________

____

12 곱셈표를 점선을 따라 접었을 때 만나는 수는 서로 어떤 관계가 있을까요?

( )

13 곱셈표에서 규칙을 찾아 빈칸에 알맞은 수를 써넣으세요.

×	3	5	7	9
3	9	15		27
5		25	35	
7	21		49	63
9	27	45		81

6 단원

〔14~15〕 어느 해 9월의 달력입니다. 물음에 답하세요.

9월

일	월	화	수	목	금	토
			1	2	3	4
5	6	7	8	9	10	11
12	13	14	15	16	17	18
19	20	21	22	23	24	25
26	27	28	29	30		

14 달력에서 목요일은 며칠마다 반복될까요?

( )

15 색칠한 날짜는 어떤 규칙이 있는지 □ 안에 알맞은 수를 써넣으세요.

> 오른쪽으로 갈수록 □씩 커지는 규칙이 있습니다.

〔16~17〕 덧셈표에서 규칙을 찾아 빈칸에 알맞은 수를 써넣으세요.

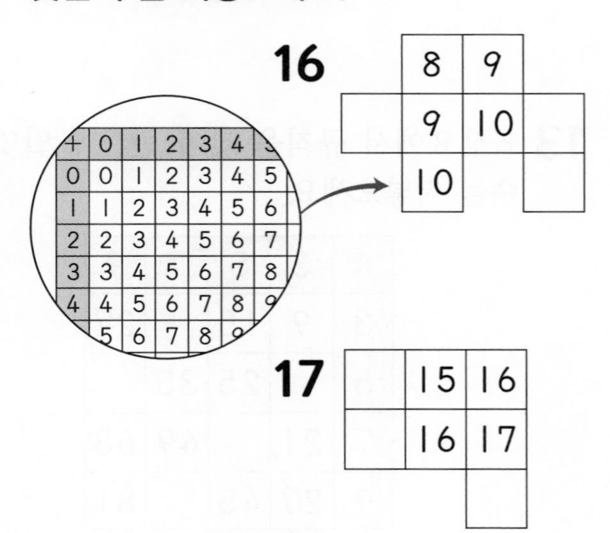

〔18~19〕 그림을 보고 물음에 답하세요.

◇♡◇♡♡◇♡♡♡◇♡♡♡ □

18 □ 안에 알맞은 수를 써넣으세요.

> ◇와 ♡가 반복하여 나타나고, ◇는 1개씩 놓이며 ♡는 □개씩 늘어나는 규칙이 있습니다.

19 □ 안에 알맞은 모양을 그려 보세요.

20 어떤 규칙에 따라 쌓기나무를 쌓은 것입니다. 쌓기나무를 4층으로 쌓으려면 쌓기나무는 모두 몇 개 필요할까요?

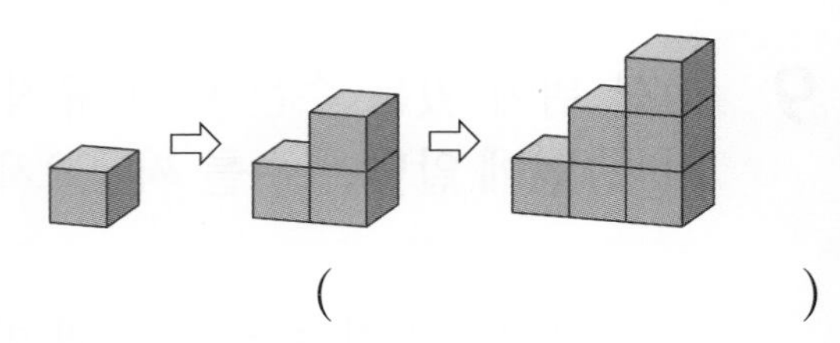

( )

단원평가 3회

규칙 찾기

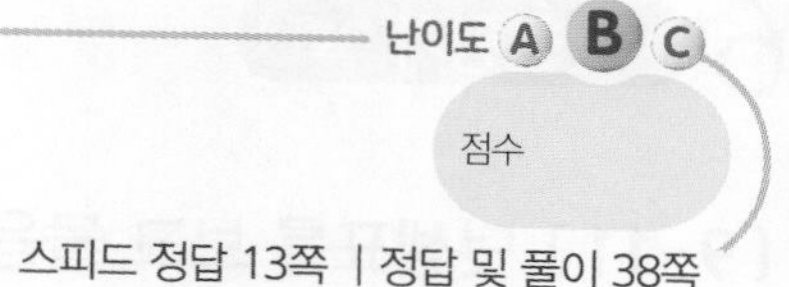

스피드 정답 13쪽 | 정답 및 풀이 38쪽

[1~2] 규칙에 맞게 □ 안에 알맞은 모양을 그려 보고, 규칙을 써 보세요.

1 ○ ▨ ○ ▨ ○ ▨ ○ □ □

규칙 ______________________

____

2 △ ◍ ▨ △ ◍ ▨ △ ◍ □ □

규칙 ______________________

____

[3~4] 그림을 보고 물음에 답하세요.

☆	♡	○	☆	♡	○	☆	♡	○
☆	♡	○	☆	♡	○	☆		
☆	♡	○	☆	♡				

3 규칙을 찾아 빈칸에 알맞은 모양을 그려 보세요.

4 위의 모양을 ☆은 1, ♡는 2, ○는 3으로 바꾸어 나타내 보세요.

1	2	3	1	2	3	1	2	3
1	2	3						

5 규칙을 찾아 빈칸에 알맞은 색깔을 써 보세요.

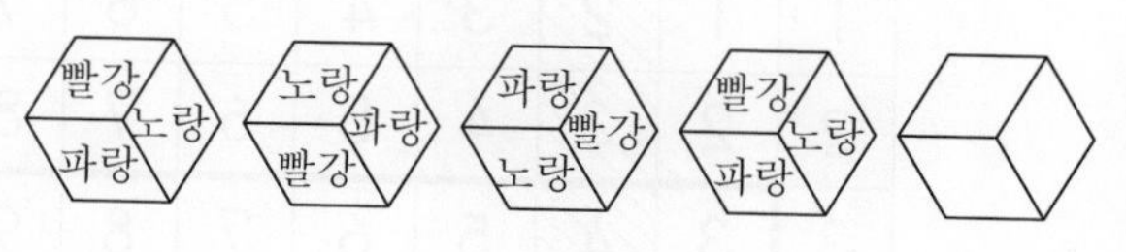

[6~7] 어떤 규칙에 따라 쌓기나무를 쌓은 것입니다. 물음에 답하세요.

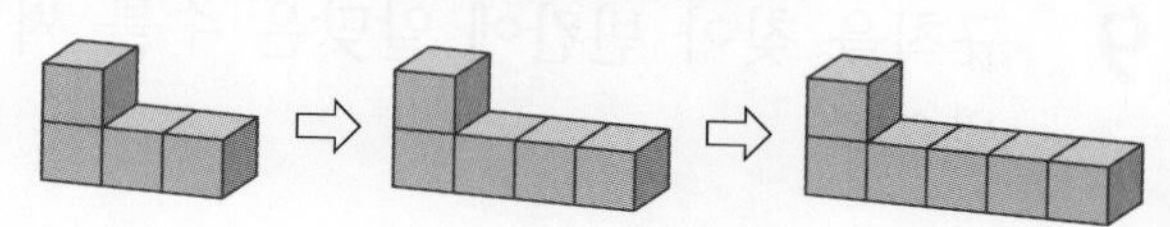

6 쌓기나무가 늘어나는 규칙을 써 보세요.

규칙 1층의 오른쪽에 쌓기나무가 □개씩 늘어나는 규칙이 있습니다.

7 바로 다음에 이어질 모양에 쌓을 쌓기나무는 모두 몇 개일까요?

( )

8 신발장 번호에 있는 규칙을 찾아 떨어진 번호판의 수를 써 보세요.

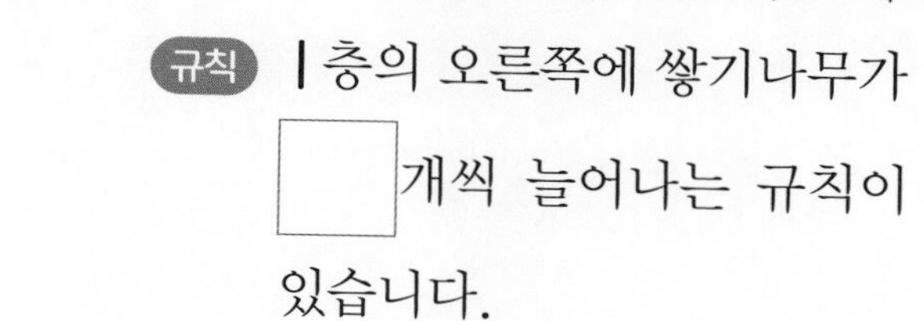

[9~11] 덧셈표를 보고 물음에 답하세요.

+	0	1	2	3	4	5	6
0	0	1	2	3	4	5	6
1	1	2	3	4	5	6	7
2	2	3	4	5	6	7	8
3	3	4	5	6	7	8	9
4	4	5	6	7			
5	5	6	7				
6	6	7					

9 규칙을 찾아 빈칸에 알맞은 수를 써넣으세요.

10 굵은 선 안에 있는 수의 규칙을 써 보세요.

규칙 ______________________

____

11 빗금 친 부분에 있는 수의 규칙을 써 보세요.

규칙 ______________________

____

[12~13] 곱셈표를 보고 물음에 답하세요.

×	3	4	5	6	7	8
3	9	12	15	18	21	24
4	12	16	20	24	28	32
5	15	20	25	30	35	40
6	18	24	30	36	42	48
7	21	28	35	42	49	56
8	24	♥	40	48	56	64

12 굵은 선으로 둘러싸인 수는 어떤 규칙이 있을까요?

규칙 ______________________

____

13 점선을 따라 접었을 때 ♥와 만나는 수의 곱셈식을 써 보세요.

식 ______________________

14 벽지에 어떤 규칙이 있습니다. 규칙을 찾아 빈칸에 알맞게 그려 보세요.

★			★★				★★	
	★	★		★	★			
		★★			★			
★	★		★	★				

15 규칙을 찾아 빈칸에 알맞은 색깔을 써 보세요.

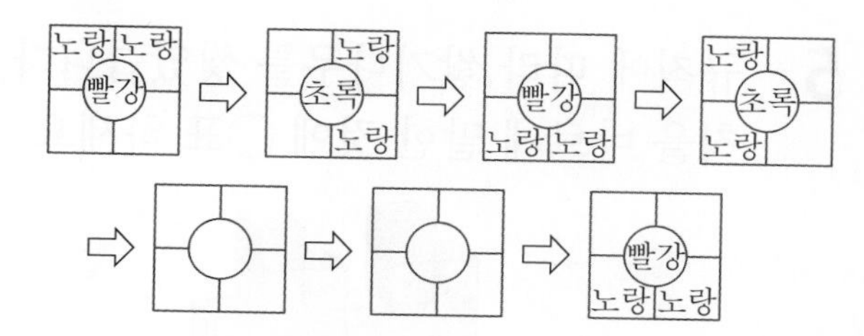

[16~17] 덧셈표를 보고 물음에 답하세요.

+	3			
5	8	10	12	14
	10	12	14	16
	12	14		
	14	16		

16 규칙을 찾아 빈칸에 알맞은 수를 써넣으세요.

17 덧셈표에서 규칙을 찾아 써 보세요.

규칙 ______________________

____

18 곱셈표에서 규칙을 찾아 빈칸에 알맞은 수를 써넣으세요.

×	2	3	4	5	6
4	8	12		20	
5			20		30
6	12	18		30	
7		21			42
8	16		32		48

19 어느 해 8월 달력입니다. 달력에서 찾을 수 있는 규칙을 1가지 써 보세요.

8월

일	월	화	수	목	금	토
			1	2	3	4
5	6	7	8	9	10	11
12	13	14	15	16	17	18
19	20	21	22	23	24	25
26	27	28	29	30	31	

규칙 ______________________

____

서술형

20 규칙에 따라 쌓기나무를 쌓았습니다. 다음에 이어질 모양에 쌓을 쌓기나무는 모두 몇 개인지 풀이 과정을 쓰고 답을 구하세요.

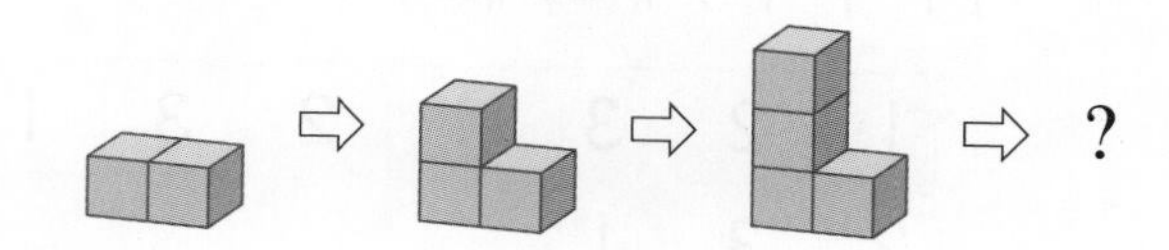

풀이

답 ______________________

1 규칙을 찾아 그림을 완성해 보세요.

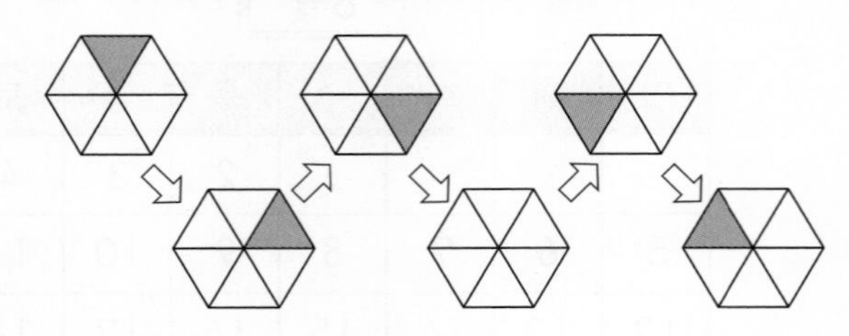

〔2~3〕 그림을 보고 물음에 답하세요.

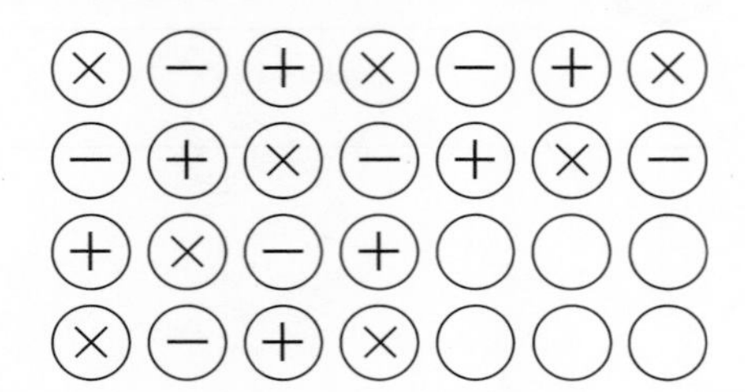

2 규칙을 찾아 ○ 안에 알맞게 그려 보세요.

3 위 모양을 ×는 1, −는 2, +는 3으로 바꾸어 나타내 보세요.

1	2	3	1	2	3	1
2	3	1				
3	1	2				

4 3가지 색깔을 이용하여 규칙을 정해 빈칸에 알맞은 색깔을 써 보세요.

보라		빨강		초록				빨강	
초록	빨강	보라	초록	빨강	보라			보라	초록

5 규칙에 따라 쌓기나무를 쌓았습니다. 규칙을 바르게 말한 것에 ○표 하세요.

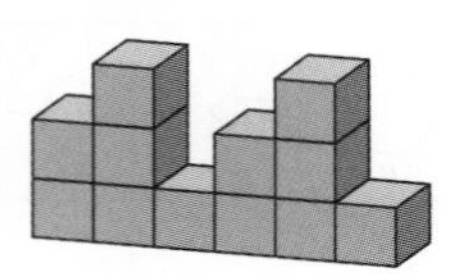

쌓기나무가 1개, 3개, 3개씩 반복 됩니다.	쌓기나무가 2개, 3개, 1개씩 반복 됩니다.
( )	( )

〔6~7〕 곱셈표를 보고 물음에 답하세요.

×	5	6	7	8
5	25			40
6		36		48
7			49	56
8	40			64

6 빈칸에 알맞은 수를 써넣으세요.

7 40부터 64까지 점선인 화살표를 따라 읽은 수는 어떤 규칙이 있는지 □ 안에 알맞은 수를 써넣으세요.

40, 48, 56, 64는 □씩 커지는 규칙이 있습니다.

[8~9] 덧셈표를 보고 물음에 답하세요.

+	7	9	11	13
7	14	16		
9			20	
11	18	20		
13			24	

8 빈칸에 알맞은 수를 써넣으세요.

9 덧셈표에서 규칙을 찾아 써 보세요.

규칙 ______________________

____

[10~11] 곱셈표에서 규칙을 찾아 빈칸에 알맞은 수를 써넣으세요.

10

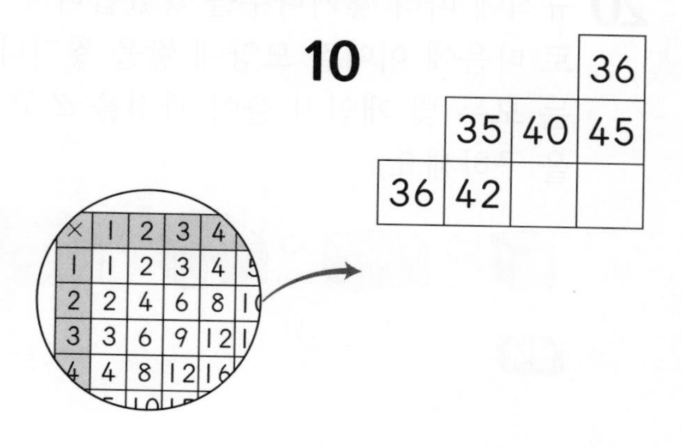

11

		49	56
	48		64
45		63	

12 승강기 버튼의 수 배열에는 어떤 규칙이 있는지 써 보세요.

규칙 ______________________

____

13 어떤 규칙으로 도형을 그린 것입니다. 규칙을 찾아 □ 안에 알맞은 도형을 그려 보세요.

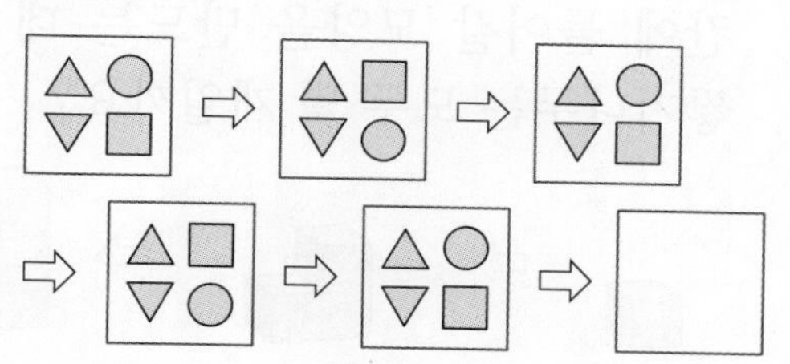

14 곱셈표의 일부분입니다. 점선을 따라 접었을 때, ㉠이 만나는 곳과 ㉡이 만나는 곳에 각각 알맞은 수를 써넣으세요.

×	5	6	7	8	9
5					
6					
7					㉡
8		㉠			
9					

15 전주행 버스 출발 시각을 나타낸 표입니다. 표에서 찾을 수 있는 규칙을 써 보세요.

버스 출발 시각

전주행	
8시	14시
9시 30분	15시 30분
11시	17시
12시 30분	18시 30분

규칙 ______________________

____

16 규칙에 따라 쌓기나무를 쌓았습니다. 빈칸에 들어갈 모양을 만드는 데 필요한 쌓기나무는 모두 몇 개일까요?

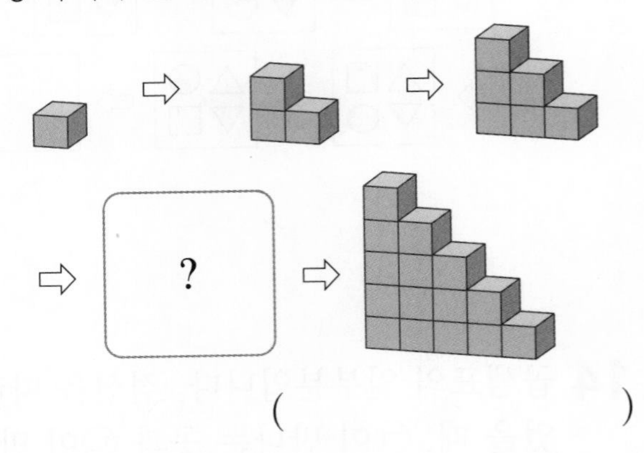

( )

17 규칙에 따라 무늬를 만들고 있습니다. 17번째에는 어떤 모양이 놓이는지 그려 보세요.

◇◇♡□□◇◇♡□□◇◇♡…

( )

〔18~19〕 어느 뮤지컬 공연장의 의자 번호를 나타낸 그림입니다. 물음에 답하세요.

무대

첫째 둘째 셋째 ……

가열 1 2 3 4 5 6

나열 13 14 15

⋮

18 지민이의 의자 번호는 32번입니다. 어느 열 몇째 자리일까요?

( ), ( )

19 도영이의 자리는 라열 다섯째입니다. 도영이가 앉을 의자의 번호는 몇 번일까요?

( )

서술형

20 규칙에 따라 쌓기나무를 쌓았습니다. 바로 다음에 이어질 모양에 쌓을 쌓기나무는 모두 몇 개인지 풀이 과정을 쓰고 답을 구하세요.

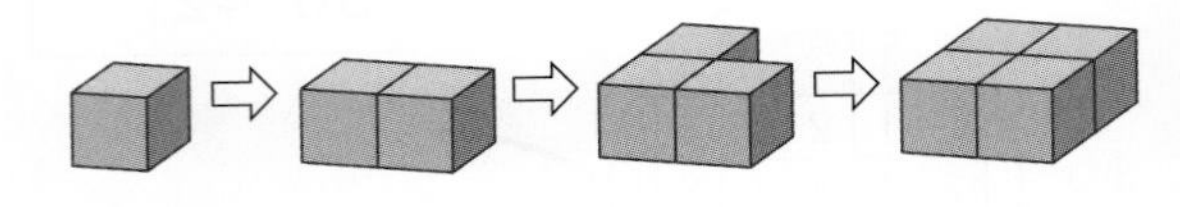

풀이

답 ______________________

단원평가 5회

규칙 찾기

스피드 정답 14쪽 | 정답 및 풀이 39쪽

〔1~2〕 유미가 구슬을 실에 꿰고 있습니다. 물음에 답하세요.

1 구슬을 꿰는 규칙을 써 보세요.

규칙 ______________________

2 계속해서 구슬을 꿴다면 다음에는 어떤 색의 구슬을 꿰어야 할까요?

( )

3 규칙을 찾아 그림을 완성해 보세요.

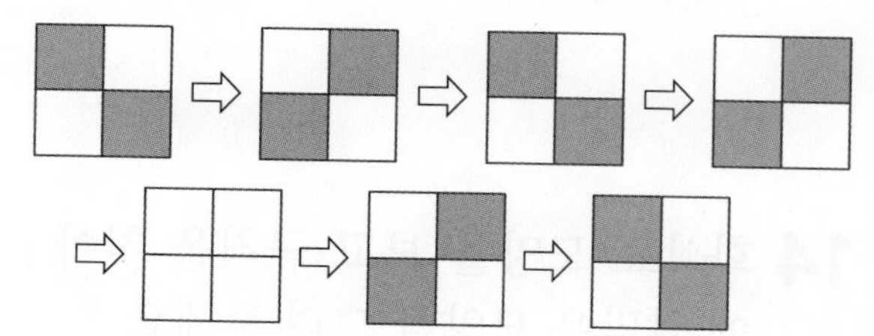

4 곱셈표에서 굵은 선으로 둘러싸여 있는 수는 어떤 규칙이 있는지 써 보세요.

×	1	2	3	4
5	5	10	15	20
6	6	12	18	24
8	8	16	24	32
9	9	18	27	36

규칙 ______________________

〔5~6〕 그림을 보고 물음에 답하세요.

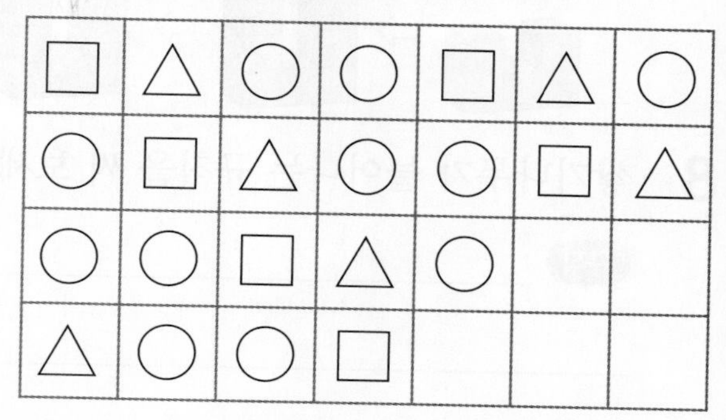

5 규칙을 찾아 빈칸에 알맞은 모양을 그려 보세요.

6 □는 4, △는 3, ○는 1로 바꾸어 나타내 보세요.

4	3	1	1	4	3	1
1	4					

7 덧셈표에서 규칙을 찾아 빈칸에 알맞은 수를 써넣으세요.

+	6			
6	12	13	14	15
7	13		15	16
8	14	15		17
9	15	16	17	18

〔8~9〕 어떤 규칙에 따라 쌓기나무를 쌓은 것입니다. 물음에 답하세요.

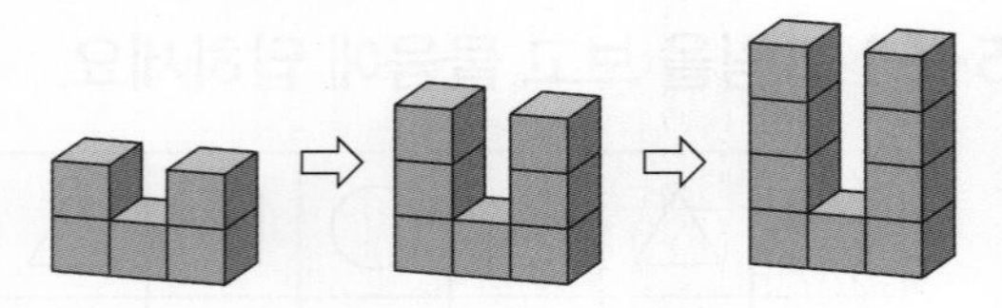

8 쌓기나무가 늘어나는 규칙을 써 보세요.

규칙 ______________________

____

9 바로 다음에 이어질 모양에 쌓을 쌓기나무는 모두 몇 개일까요?

( )

10 곱셈표에서 규칙을 찾아 빈칸에 알맞은 수를 써넣으세요.

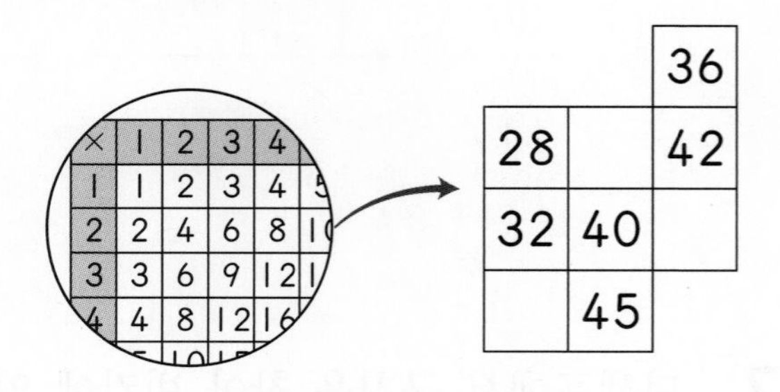

11 그림을 보고 규칙을 찾아 □ 안에 알맞은 모양을 그려 보세요.

△△ △△△ △△△△
△△ △△△ △△△△ □

〔12~13〕 덧셈표를 만들고 규칙을 찾아보세요.

+	3			
4	7	9	11	13
	9	11	13	15
	11		15	
		15	17	

12 빈칸에 알맞은 수를 써넣으세요.

13 덧셈표에서 규칙을 찾아 써 보세요.

규칙 ______________________

____

14 화살표 모양을 보고 규칙을 찾아 □ 안에 알맞은 모양을 그려 보세요.

⇧ ⇦ ⇩ ⇨ ⇧ ⇦ □ ⇨ □

15 어떤 규칙에 따라 쌓기나무를 쌓은 것입니다. 쌓기나무를 5층으로 쌓으려면 쌓기나무는 모두 몇 개 필요할까요?

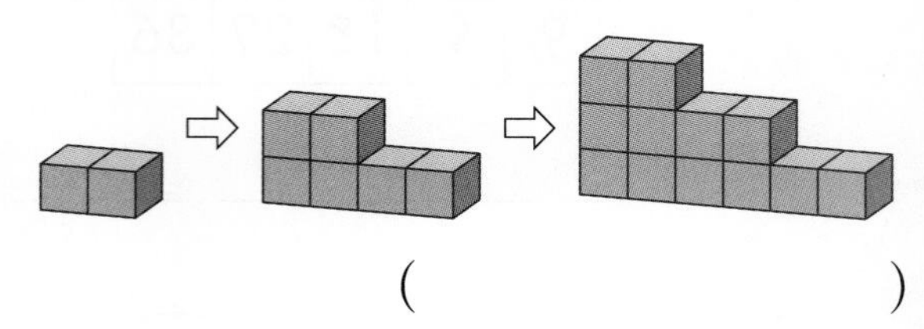

( )

16 다음은 섬으로 출발하는 배 출발 시각을 나타낸 표입니다. 표에서 찾을 수 있는 규칙을 2가지 써 보세요.

배 출발 시각

가 섬행		나 섬행	
7시	11시	6시 30분	12시 30분
8시	12시	8시	14시
9시	13시	9시 30분	15시 30분
10시	14시	11시	17시

규칙1 ______________________

____

규칙2 ______________________

____

서술형

17 덧셈표를 보고 ㉠, ㉡, ㉢에 알맞은 수 중에서 가장 큰 수와 가장 작은 수의 합은 얼마인지 풀이 과정을 쓰고 답을 구하세요.

+	3	4	5	6	7
3	6	7	8	9	10
4	7	8	9	10	11
5				㉠	
6	㉡				
7			㉢		

풀이

답 ______________________

[18~19] 어느 연극 공연장의 자리를 나타낸 그림입니다. 물음에 답하세요.

무대

첫째 둘째 셋째 …

가열 1 2 3 4 5 □□□□□□□□
나열 13 14 15 16 □□□□□□□□
다열 □□□□□□□□□□□□
라열 □□□□□□□□□□□□
⋮

18 수아의 자리는 35번입니다. 어느 열 몇째 자리일까요?

(   ), (   )

19 지율이의 자리는 라열 일곱째입니다. 지율이가 앉을 의자의 번호는 몇 번일까요?

(   )

서술형

20 곱셈표를 보고 ㉠, ㉡, ㉢에 알맞은 수 중에서 가장 큰 수와 가장 작은 수의 합은 얼마인지 풀이 과정을 쓰고 답을 구하세요.

×	3	4	5	6	7
3	9				㉠
4		16			
5		㉡	25		
6			㉢	36	
7					49

풀이

답 ______________________

6 단원

단계별로 연습하는

서술형 평가 1 규칙 찾기

점수

스피드 정답 14쪽 | 정답 및 풀이 40쪽

1 그림을 보고 규칙을 찾아 빈칸에 알맞은 과일을 구하세요.

❶ 규칙을 알아보세요.

[　　　], [　　　], [　　　], [　　　] 이/가 반복

됩니다.

❷ 빈칸에 알맞은 과일은 무엇일까요?

(　　　　　　　)

2 규칙에 맞게 빈칸에 알맞은 모양을 그려 보고 규칙을 써 보세요.

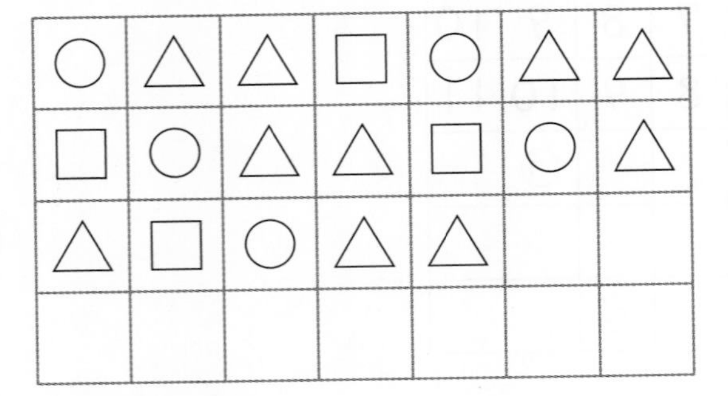

❶ 빈칸에 알맞은 모양을 그려 보세요.

❷ 규칙을 써 보세요.

규칙 ______________________________

____

3 어떤 규칙에 따라 쌓기나무를 쌓은 것입니다. 바로 다음에 이어질 모양에 쌓을 쌓기나무는 모두 몇 개인지 구하세요.

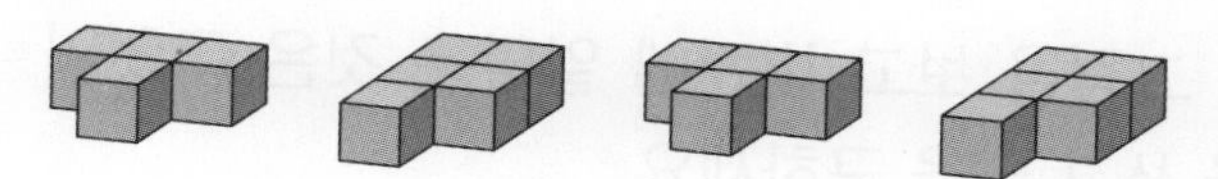

❶ 규칙을 써 보세요.

❷ 바로 다음에 이어질 모양에 쌓을 쌓기나무는 모두 몇 개일까요?

(　　　　　　　　　)

4 규칙을 찾아 ㉠, ㉡에 알맞은 수를 구하세요.

❶ 규칙을 찾아 ●에 알맞은 수를 구하세요.

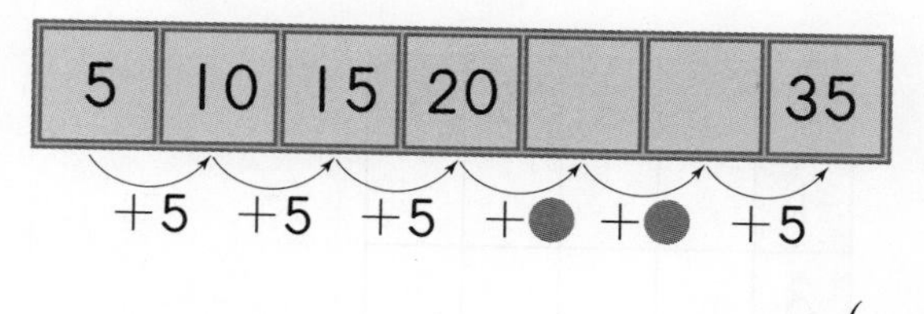

(　　　　　　　　　)

❷ ㉠, ㉡에 알맞은 수를 구하세요.

㉠ (　　　　　　　　　), ㉡ (　　　　　　　　　)

풀이 과정을 직접 쓰는

서술형 평가 ②

규칙 찾기

점수

스피드 정답 14쪽 | 정답 및 풀이 40쪽

1 벽지에 그려진 그림을 보고 빈칸에 알맞은 것은 무엇인지 풀이 과정을 쓰고 답을 구하세요.

도토리 나뭇잎 다람쥐 버섯

풀이

답 ____________________

> ✎ 어떻게 풀까요?
> 그림이 반복되는 규칙을 알아봅니다.

2 색칠한 부분에 홀수를 넣어 덧셈표를 만들었습니다. 덧셈표에서 찾을 수 있는 규칙을 써 보세요.

+	1	3	5	7
1				
3				
5				
7				

규칙 ____________________

____

____

> ✎ 어떻게 풀까요?
> 덧셈표를 완성한 후 규칙을 찾아봅니다.

3 곱셈표를 보고 ㉠+㉡은 얼마인지 풀이 과정을 쓰고 답을 구하세요.

×	4	5	6	7	8
4	16	20			㉠
5		25			40
6			36		
7				49	
8					㉡

풀이

답 ________________

어떻게 풀까요?

위에서 첫 번째 줄과 오른쪽에서 첫 번째 줄에서 각각 규칙을 찾습니다.

4 컴퓨터 자판의 수를 보고 규칙을 2가지 써 보세요.

규칙1 ________________

____

규칙2 ________________

____

어떻게 풀까요?

같은 줄에서 수의 규칙을 찾아봅니다.

6 단원

밀크티 성취도 평가

오답 베스트 5

규칙 찾기

스피드 정답 14쪽 | 정답 및 풀이 40쪽

1 어느 극장의 자리를 나타낸 그림입니다. 현수의 자리는 라열 세 번째입니다. 현수의 자리의 번호는 몇 번일까요?

	첫 번째	두 번째	세 번째	네 번째	다섯 번째
가열	①	②	③	④	⑤
나열	⑥	⑦			
다열					
⋮					

(　　　　　　　　)

2 규칙을 찾아 빈칸에 알맞은 모양에 ○표 하세요.

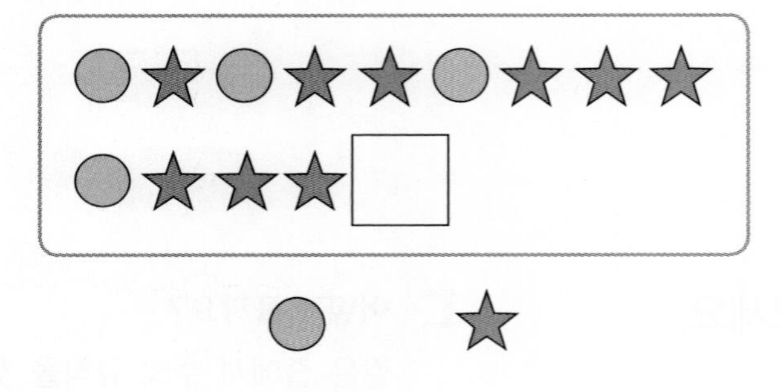

3 규칙에 따라 쌓기나무를 쌓을 때 네 번째 모양에 쌓을 쌓기나무는 몇 개일까요?

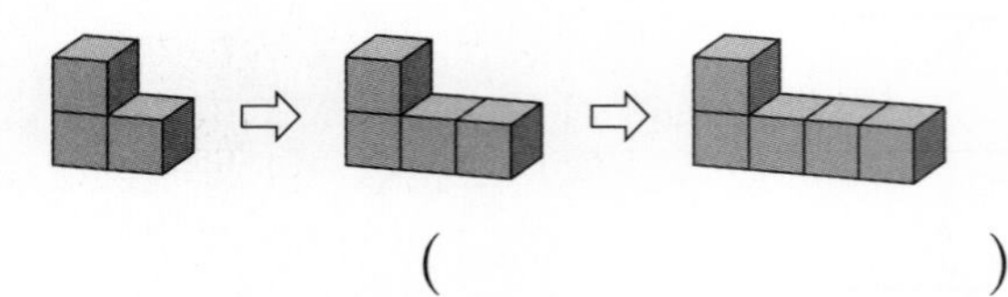

(　　　　　　　　)

4 규칙에 따라 쌓기나무를 쌓았습니다. 쌓기나무를 4층으로 쌓으려면 쌓기나무는 모두 몇 개 필요할까요?

(　　　　　　　　)

5 빈칸에 알맞은 수를 써넣으세요.

+	4	6	8
5	9	11	13
	11		15
9	13	15	17

배움으로 행복한 내일을 꿈꾸는

천재교육 커뮤니티 안내

교재 안내부터 구매까지 한 번에!

천재교육 홈페이지

자사가 발행하는 참고서, 교과서에 대한 소개는 물론
도서 구매도 할 수 있습니다. 회원에게 지급되는 별을 모아
다양한 상품 응모에도 도전해 보세요!

다양한 교육 꿀팁에 깜짝 이벤트는 덤!

천재교육 인스타그램

천재교육의 새롭고 중요한 소식을 가장 먼저 접하고 싶다면?
천재교육 인스타그램 팔로우가 필수!
깜짝 이벤트도 수시로 진행되니 놓치지 마세요!

수업이 편리해지는

천재교육 ACA 사이트

오직 선생님만을 위한, 천재교육 모든 교재에 대한 정보가 담긴
아카 사이트에서는 다양한 수업자료 및 부가 자료는 물론
시험 출제에 필요한 문제도 다운로드하실 수 있습니다.

https://aca.chunjae.co.kr

천재교육을 사랑하는 샘들의 모임

천사샘

학원 강사, 공부방 선생님이시라면 누구나 가입할 수 있는 천사샘!
교재 개발 및 평가를 통해 교재 검토진으로 참여할 수 있는 기회는 물론
다양한 교사용 교재 증정 이벤트가 선생님을 기다립니다.

아이와 함께 성장하는 학부모들의 모임공간

튠맘 학습연구소

튠맘 학습연구소는 초·중등 학부모를 대상으로 다양한 이벤트와 함께
교재 리뷰 및 학습 정보를 제공하는 네이버 카페입니다.
초등학생, 중학생 자녀를 둔 학부모님이라면 튠맘 학습연구소로 오세요!

수학
단원평가

천재교육

수학
단원평가

스피드 정답

1단원 네 자리 수

3쪽 쪽지시험 1회 풀이는 15쪽에

1 1000 2 1000 3 1000 4 100
5 1 6 4000, 사천 7 6000, 육천
8 3000 9 8000 10 9000

4쪽 쪽지시험 2회 풀이는 15쪽에

1 8, 3 2 5748 3 5936 4 사천삼백칠십오
5 구천구백팔십사 6 8259 7 3705
8 8, 800 9 5, 5000 10 4736에 ○표

5쪽 쪽지시험 3회 풀이는 15쪽에

1 7243, 8243 2 5014, 6014, 7014
3 6378, 8378, 9378 4 3650, 3950
5 6975, 7075 6 7369, 7379
7 6604, 6614, 6624 8 1237, 1238, 1239
9 5435, 5436, 5437 10 10씩

6쪽 쪽지시험 4회 풀이는 15쪽에

1 > 2 < 3 < 4 >
5 3457에 ○표 6 4321에 △표
7 6537에 ○표 8 3458에 △표
9 5107에 ○표, 4899에 △표 10 ㉡, ㉠, ㉢, ㉣

7~9쪽 단원평가 1회 풀이는 15~16쪽에

1 1000, 천 2 1000 3 9000, 구천
4 육천백팔에 ○표 5 9036
6 5, 7 7 7000, 칠천 8 4000, 6
9 9415, 9417, 9418 10 5796에 ○표
11 200 12 ③ 13 < 14 >
15 5376 16 7520, 8520 17 3876, 3976
18 건강식당 19 8장 20 7530

10~12쪽 단원평가 2회 풀이는 16쪽에

1 1000 2 ④ 3 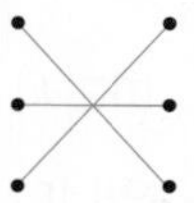
4 삼천구백사십칠 5 6593 6 9, 7
7 40 8 ㉡ 9 5000+800+90+2
10 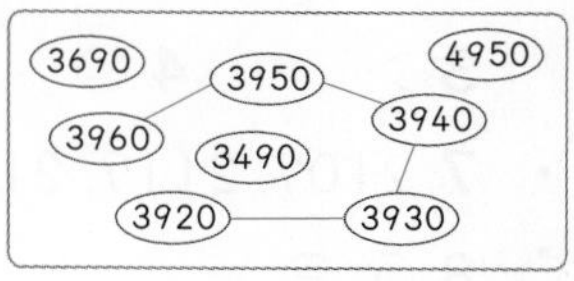

11 3446, 3646
12 > 13 <
14 4000, 사천
15 3228에 ○표 16 나 17 2794
18 1000배 19 2690개 20 2489

13~15쪽 단원평가 3회 풀이는 16~17쪽에

1 6000, 육천 2 1000 3 6351
4 2358원 5 5, 9, 4, 6 6 ㉣
7 2693, 2703, 2713 8 <
9 2000, 이천 10 도희 11 3개
12 8987 13  14 7735
15 2700원
16 은호네 마을 17 3552, 3799
18 7965 19 5130원
20 예 백의 자리와 십의 자리 수가 각각 같으므로 일의 자리 수를 비교하면 3<8입니다. 따라서 □ 안에는 6보다 작은 수인 1, 2, 3, 4, 5가 들어갈 수 있으므로 모두 5개입니다. ; 5개

16~18쪽 단원평가 4회 풀이는 17쪽에

1 3725 2 민호 3 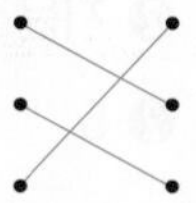 4 100씩
5 >
6 ①, ⑤
7 ( )(○)( ) 8 5065, 8065, 9065
9 2936, 3150, 4001 10 3개
11 2000개 12 ㉢ 13 정수네 마을
14 3400원 15 300원 16 ㉡, ㉠, ㉢
17 5330 18 4896 19 0, 1, 2, 3

20 예 1000원짜리 지폐 6장: 6000원
100원짜리 동전 12개: 1200원
10원짜리 동전 26개: 260원
7460원
따라서 승우가 가지고 있는 돈은 모두 7460원입니다. ; 7460원

19~21쪽 단원평가 5회 풀이는 17~18쪽에

1 8535 **2** 찬형 **3** > **4** ㉡
5 6000개 **6** **7** 2107, 2117, 2127
8 ㉠, ㉣
9 4329에 ○표, 9264에 △표 **10** 8369
11 ㉢, ㉡, ㉣, ㉠ **12** 3530 **13** 3610
14 준영 **15** 100배 **16** 7
17 예 5800에서 100씩 7번 뛰어 센 수를 찾습니다.
5800−5900−6000−6100−6200−6300−6400−6500이므로 모두 6500원이 됩니다. ; 6500원
18 7 **19** 7개
20 예 6000과 7000 사이에 있는 수이므로 천의 자리 숫자는 6입니다. 백의 자리 숫자가 5, 일의 자리 숫자가 2이므로 65□2라고 하면 십의 자리 숫자는 천의 자리 숫자보다 3만큼 더 크므로 □=9입니다. 따라서 설명하는 수는 6592입니다. ; 6592

22~23쪽 서술형 평가 ❶ 풀이는 18쪽에

1 ❶ 9000 ❷ 9000장
2 ❶ > ❷ 지윤 **3** ❶ 30, 3 ❷ 10배
4 ❶ 7 ❷ 5 ❸ 7250

24~25쪽 서술형 평가 ❷ 풀이는 18~19쪽에

1 예 지현이가 모은 붙임 딱지는 100장씩 7상자이므로 700장입니다. 1000은 700보다 300만큼 더 큰 수입니다. 따라서 붙임 딱지 300장을 더 모아야 합니다. ; 300장

2 예 2043과 2134 중에서 더 큰 수는 2134입니다. 따라서 더 많이 있는 초콜릿은 달달 초콜릿입니다. ; 달달 초콜릿

3 예 어떤 수는 8291에서 10씩 거꾸로 5번 뛰어 센 수입니다.
8241−8251−8261−8271−8281−8291
5번 4번 3번 2번 1번
어떤 수
; 8241

4 예 천의 자리 숫자가 2, 백의 자리 숫자가 6인 네 자리 수를 26■▲라 합니다. 26■▲>2695이려면 ■▲>95이어야 합니다. ■▲에 알맞은 수는 96, 97, 98, 99이므로 천의 자리 숫자가 2, 백의 자리 숫자가 6인 네 자리 수 중에서 2695보다 큰 수는 2696, 2697, 2698, 2699로 모두 4개입니다. ; 4개

26쪽 오답 베스트 5 풀이는 19쪽에

1 지수 **2** 700 **3** 7500원, 9500원
4 2개 **5** 3258

2 단원 곱셈구구

30쪽 쪽지시험 1회 풀이는 19쪽에

1 12, 12 **3** 예 ; 4, 20
2 25, 25
4 ; 8 **5** 16
6 10
7 15 **8** 35 **9** 7, 14 **10** 6, 30

31쪽 쪽지시험 2회 풀이는 19쪽에

1 12, 12 **3** 예 ; 5, 30
2 12, 12

4  ; 18
5 21
6 27
7 48 8 54 9 4, 24 10 5, 15

32쪽 쪽지시험 3회 풀이는 19~20쪽에

1 6, 24 2 3, 24
3 예 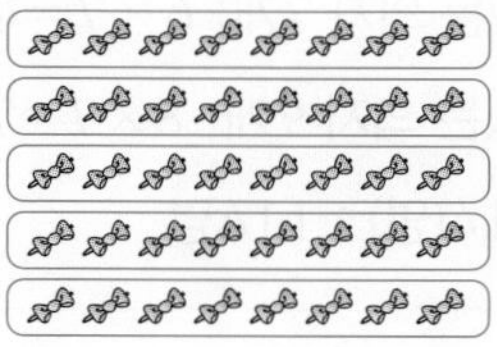 ; 5, 40
4 4
5 20
6 36
7 56 8 72 9 48 10 3, 12

33쪽 쪽지시험 4회 풀이는 20쪽에

1 3, 21 2 4, 36
3 예 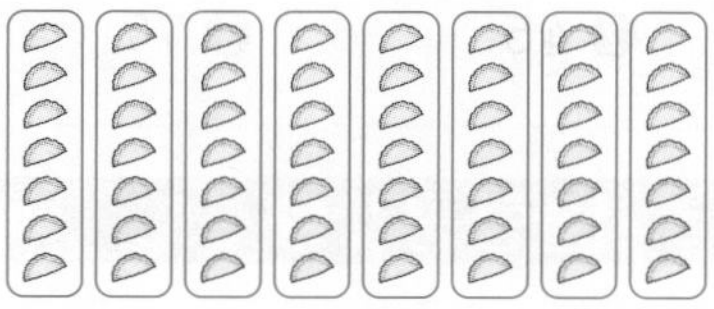 ; 8, 56
4 9 5 28 6 42 7 72
8 81 9 49 10 5, 35

34쪽 쪽지시험 5회 풀이는 20쪽에

1 0 2 0 3 7 4 1, 6, 6 5 0
6

×	2	3	4	5
2	4	6	8	10
3	6	9	12	15
4	8	12	16	20
5	10	15	20	25

7 같습니다에 ○표
8 36명
9 14개
10 40개

35~37쪽 단원평가 1회 풀이는 20쪽에

1 18, 18 2 20 3 16, 24, 32
4 7, 5 5 4, 28 6 
7 4, 36 8 8, 20, 24, 28
9 4, 32 10 1, 5, 5 11 0, 0

12 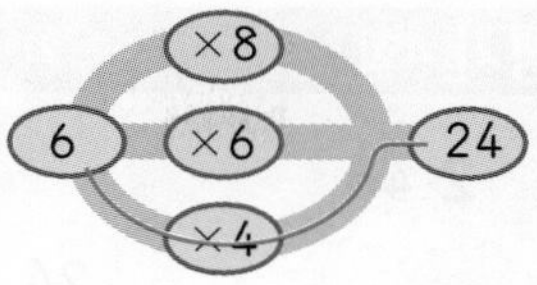 ×8, ×6, ×4, 6, 24
13 10 cm
14 (위부터) 40, 45 ; 56, 63 15 ④ 16 <
17 19 18 4, 2 19 16개 20 15명

38~40쪽 단원평가 2회 풀이는 20~21쪽에

1 14 2 6, 8, 10, 12, 14, 16, 18
3 2씩 4 0 5 4 6 7, 56
7 ㉢ 8 24, 28 9 12, 24, 42, 48
10 
11 ⑤ 12 6
13 ( )( )(○)
14  ; 5 15 18개 16 9, 49
17

54	27	30	45
12	36	63	6
9	24	8	5
48	56	18	42

18 ㉡, ㉢, ㉠, ㉣
19 32개
20 38살

41~43쪽 단원평가 3회 풀이는 21쪽에

1 7, 28 2  ; 27
3 6, 30 4 0 5 7, 42 6 32
7

×	1	3	5	7
5	5	15	25	35
6	6	18	30	42

8 4, 28 ; 7, 28
9 도진
10 17
11 예 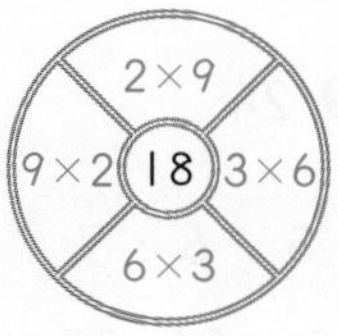 2×9, 9×2, 18, 3×6, 6×3
12 ④ 13 ㉢, ㉤
14 56 15 20명
16 0, 4, 2, 6
17 12점 18 5개 19 56
20 예 연필: 2×4=8(자루), 볼펜: 4×5=20(자루)
따라서 승희가 가지고 있는 연필과 볼펜은 모두 8+20=28(자루)입니다. ; 28자루

44~46쪽 단원평가 4회 풀이는 21~22쪽에

1 4, 8
2 45
3 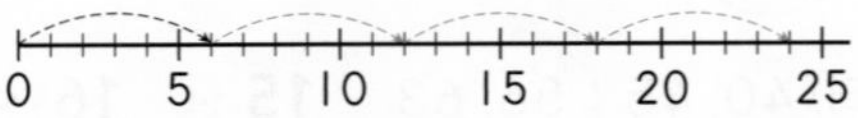

; 24
4 ( )(○)( )
5 4, 4 ; 7, 7
6 8, 72
7

×	5	6	7	8
5				
6				
7				
8		★		

8 7
9 ③
10 ⑤
11 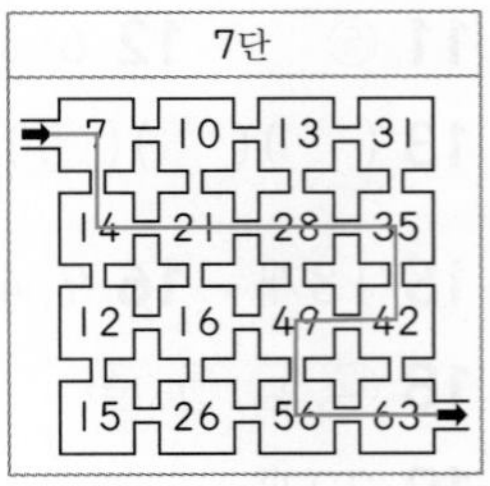

12 8, 16 ; 4, 16 ; 2, 16
13 ㉠, ㉣
14 15개
15 6, 5, 4
16 50, 51, 52, 53
17 32개
18 14살
19 9봉지
20 예 1등 점수의 합: 4×7=28(점)
2등 점수의 합: 3×4=12(점)
3등 점수의 합: 1×8=8(점)
따라서 재호네 반 달리기 점수는 모두
28+12+8=48(점)입니다. ; 48점

47~49쪽 단원평가 5회 풀이는 22쪽에

1 12, 24, 36
2 16, 40, 48, 72
3 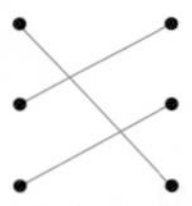
4 72
5 28, 16, 20에 ○표
6 ㉢
7 (왼쪽부터) 35, 0
8 ㉢, ㉠, ㉡
9 24
10

×	1	2	3	4	5	6	7	8	9
4	4	8	12	16	20	24	28	32	36
5	5	10	15	20	25	30	35	40	45
6	6	12	18	24	30	36	42	48	54

11 0 ; 0
12 56
13 40개
14 7
15 65
16 42개
17 예 각 수가 적힌 공을 꺼내 얻은 점수는
0×4=0(점), 1×3=3(점), 2×1=2(점),
3×2=6(점)입니다.
⇨ (민주가 얻은 점수)
=0+3+2+6=11(점) ; 11점
18 하준
19 20
20 예 6명씩 앉을 수 있는 의자 7개: 6×7=42(명)
8명씩 앉을 수 있는 의자 9개: 8×9=72(명)
⇨ 42+72=114(명) ; 114명

50~51쪽 서술형 평가 ❶ 풀이는 22쪽에

1 ❶ 7, 28 ❷ 28개
2 ❶ 7×9=63 ❷ 63명
3 ❶ 24권 ❷ 15권 ❸ 39권
4 ❶ 32 ❷ 45 ❸ 77

52~53쪽 서술형 평가 ❷ 풀이는 23쪽에

1 예 6의 7배는 6×7=42이므로 개미 7마리의 다리는 모두 42개입니다. ; 42개
2 예 빨간색 빨대: 7개씩 5묶음 ⇨ 7×5=35(개)
초록색 빨대: 6개씩 3묶음 ⇨ 6×3=18(개)
따라서 빨간색 빨대가 35−18=17(개) 더 많습니다. ; 17개
3 예 필요한 접시의 수를 □개라 하여 꿀떡의 수를 구하는 곱셈식을 쓰면 9×□=54입니다.
⇨ 9×6=54이므로 필요한 접시는 6개입니다.
; 6개
4 예 1점에 2번 ⇨ 1×2=2(점)
3점에 3번 ⇨ 3×3=9(점)
5점에 4번 ⇨ 5×4=20(점)
따라서 민정이가 얻은 점수는 모두
2+9+20=31(점)입니다. ; 31점

54쪽 오답 베스트 5 풀이는 23쪽에

1 38살 2 37개 3 ②, ⑤ 4 23개 5 26점

길이 재기

57쪽 쪽지시험 1회 풀이는 23쪽에

1 100 2 200 3 6미터 19센티미터
4 3, 42 5 530 6 102, 1, 5 7 ㉡
8 8, 60 9 8, 60 10 9, 81

58쪽 쪽지시험 2회 풀이는 23쪽에

1 2 m 2 6 m 3 3, 22 4 4, 5
5 7, 51 6 3 m 32 cm 7 7 m 24 cm
8 예 의자, 식탁 9 ㉠, ㉣ 10 ㉡

59~61쪽 단원평가 1회 풀이는 23~24쪽에

1 1m 1m 1m
2 4미터 65센티미터 3 300 4 5, 43
5 m ; cm 6 6, 55 7 8, 59 8 ②
9 3, 13 10 1, 31 11 1, 30
12 135 cm ; 10 m 13 6, 3, 2 14 ㉠, ㉢, ㉡
15 4 m 24 cm 16 ㉢ 17 유경, 은진, 승호, 지아
18 3, 65 19 9 m 90 cm 20 2 m 63 cm

62~64쪽 단원평가 2회 풀이는 24쪽에

1 3m 3m 3m 2 2, 3
3 460
4 깁니다에 ○표 5 160 cm 6 9, 77
7 8, 58 8 (1) 3, 90 (2) 1, 60 (3) 2, 30
9 7, 30 11 ( ) 12 1 m 14 cm
10 8, 14 (○) 13 3 m 68 cm
( ) 14 ( )(○)
15 ㉠, ㉢, ㉤ 16 2 m 83 cm 17 ㉡
18 5, 70 19 2 m 30 cm 20 5 m 90 cm

65~67쪽 단원평가 3회 풀이는 24~25쪽에

1 4 2 5, 7 3 ②
4 3 m 5 7, 70 6 8 m 91 cm
7 6 m 83 cm 8 4 m 24 cm 9 3 m 27 cm
10 예 소파의 긴 쪽, 식탁의 긴 쪽 11 2, 23
12 3 m 13 136 cm 14 cm ; cm ; m
15 ( ) 16 ㉢, ㉡, ㉠, ㉣
( ) 17 ㉡, ㉤ 18 124 cm
(×) 19 29 m 55 cm
20 예 초록색 끈의 길이에 2 m 39 cm를 더합니다.
(주황색 끈의 길이)
=1 m 42 cm+2 m 39 cm=3 m 81 cm
; 3 m 81 cm

68~70쪽 단원평가 4회 풀이는 25쪽에

1 2, 1 2 m ; cm ; m
3 (○) 4 ③ 5 ㉡
(△) 6 8 m 74 cm 7 3 m 80 cm
(△) 8 2 m 2 cm 9 3 m 27 cm
(○) 10 7 m 35 cm 11 로하
12 372 13 5 m 28 cm 14 영희
15 12 m 62 cm 16 5 m 71 cm
17 11 m 21 cm 18 1 m 78 cm 19 4 m
20 예 (전체 길이)
=1 m 25 cm+1 m 25 cm−30 cm
=2 m 50 cm−30 cm
=2 m 20 cm ; 2 m 20 cm

71~73쪽 단원평가 5회 풀이는 25~26쪽에

1 634 2 ② 3 1 m 53 cm
4 4 m 40 cm 5 7 m 70 cm 6 ㉡, ㉣
7 2, 5, 8, 9 8 8 m 81 cm 9 4 m 23 cm
10 97 m 75 cm 11 ㉠
12 3 m 93 cm 13 2 m 35 cm
14 예 자의 눈금이 8부터 시작해서 1 m 30 cm가 아닙니다.
15 2 m 27 cm
16 (위부터) 9, 8, 6 ; 1, 3, 5 ; 8, 5, 1

17 우민 **18** 5 m **19** 3 m 7 cm

20 예 1 m 40 cm+1 m 40 cm=2 m 80 cm
처음에 있던 리본의 길이:
2 m 80 cm+10 cm=2 m 90 cm
; 2 m 90 cm

74~75쪽 서술형 평가 ❶
풀이는 26쪽에

1 ❶ 12 ❷ 12 cm
2 ❶ 파란색, 노란색 ❷ 보라색
3 ❶ 3 m 24 cm ❷ 3 m 5 cm
❸ 6 m 29 cm
4 ❶ 1 m ❷ 6 m

76~77쪽 서술형 평가 ❷
풀이는 26쪽에

1 예 선희네 집에서 놀이터를 지나 학원까지 가는 거리의 합을 구합니다.
⇨ 10 m 24 cm+55 m 35 cm
=65 m 59 cm ; 65 m 59 cm

2 예 2 m의 4배는 8 m입니다.
교실 긴 쪽의 길이는 8 m보다 60 cm 더 길므로 8 m 60 cm=860 cm입니다. ; 860 cm

3 예 길이가 더 긴 것은 분홍색 털실입니다.
⇨ 7 m 89 cm−3 m 52 cm=4 m 37 cm
; 4 m 37 cm

4 예 5 m와 가지고 있는 줄의 길이의 차를 각각 구합니다.
지우: 5 m 14 cm−5 m=14 cm,
재구: 5 m−4 m 97 cm
=500 cm−497 cm=3 cm,
수지: 5 m 8 cm−5 m=8 cm
따라서 길이가 5 m에 가장 가까운 줄을 가진 사람은 차가 가장 작은 재구입니다. ; 재구

78쪽 오답 베스트 5
풀이는 27쪽에

1 3 m 50 cm **2** (1) 45 cm (2) 324 m
3 30 cm **4** ㉡ **5** 4 m

4단원 시각과 시간

81쪽 쪽지시험 1회
풀이는 27쪽에

1 4, 40 **2** 8, 15 **3** 6, 20 **4** 3, 34
5 12, 13 **6** **7**

8 **9** **10**

82쪽 쪽지시험 2회
풀이는 27쪽에

1 6, 55 ; 5 ; 7, 5 **2** 3, 5
3 4, 10 **4** 2, 15 **5** 4, 3
6 **7** **8**

9 **10**

83쪽 쪽지시험 3회
풀이는 27쪽에

1 1 **2** 60 **3** 3, 20 **4** 250
5 2, 23 **6** 1시 10분 20분 30분 40분 50분 2시 ; 60
7 55 **8** 40 **9** 1, 40 **10** 1, 45

84쪽 쪽지시험 4회
풀이는 27~28쪽에

1 1, 4 **2** 78 **3** 27 **4** 5
5 12 1 2 3 4 5 6 7 8 9 10 11 12(시) ; 4
1 2 3 4 5 6 7 8 9 10 11 12(시)
6 4번 **7** 화요일 **8** 8일
9 오후 ; 오전 **10** 30개

85~87쪽 단원평가 1회 풀이는 28쪽에

1 (위부터 시계 반대 방향으로) 55, 40, 20

2 7, 25

3 오전 ; 오후

4

5 4, 50 ; 10 ; 5, 10

6 90 ; 1, 15

7 ( ) (○) ( )

8

9 8시 10분 20분 30분 40분 50분 9시

10 50분 **11** 오전에 ○표, 8시 **12** 7시간

13

5분 전 5분 후

14 48 ; 1, 11

15 4번 **16** 월요일

17 12일

18 오후에 ○표, 8, 13 **19** 25분 **20** 9시간

88~90쪽 단원평가 2회 풀이는 28쪽에

1 45분 **2** 2, 37

3

4

5 7, 15

6 ② **7** ㉠ **8**

9 오후 ; 오전 **10** 5시 13분 **11**

12 9시 10분 20분 30분 40분 50분 10시 ; 50분

13 ② **14** 79 ; 33 **15** 5번

16 일요일 **17** 29일 **18** 6시 30분

19 75분 **20** 4시간

91~93쪽 단원평가 3회 풀이는 29쪽에

1 (왼쪽부터) 10, 7, 45, 11 **2** 7, 57

3 3, 51 ; 4, 9 **4** 짧은, 3, 4, 긴, 3

5

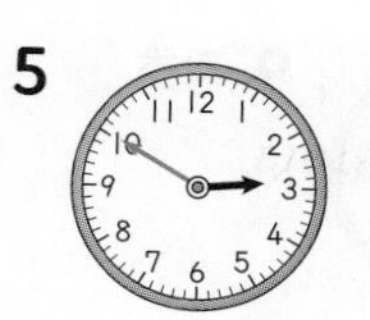

6

7 ④

8 20 **9** 희애 **10** 25일 **11** 목요일

12 10시 10분 20분 30분 40분 50분 11시 10분 20분 30분 40분 50분 12시 ; 1시간 30분

13

14 10, 31 ; 11, 10

15 1시간 15분

16 6시 55분

17 예 긴바늘이 가리키는 숫자 3을 그대로 3분이라고 읽었기 때문입니다. ; 9시 15분

18 7시 45분 **19** 2023년 6월 **20** 10시 40분

94~96쪽 단원평가 4회 풀이는 29쪽에

1 분 **2** 1, 20

3

4

5 11, 57

6 ㉢

7 4

8 12 1 2 3 4 5 6 7 8 9 10 11 12(시) 1 2 3 4 5 6 7 8 9 10 11 12(시) 오전 오후 ; 7시간

9 2, 5 **10** 5, 20 **11** 다예 **12** 12일

13 11시 20분 **14** 호태 **15** 13일

16 9시 25분 **17** 6일, 13일, 20일, 27일

18 6바퀴 **19** 14개월

20 예 1교시 시작: 9시, 1교시 끝: 9시 40분, 2교시 시작: 9시 50분, 2교시 끝: 10시 30분, 3교시 시작: 10시 50분 ; 10시 50분

97~99쪽 단원평가 5회 풀이는 30쪽에

1 10, 7 **2**

3

4

5 158 ; 1, 35 ; 94

6 4시간

7 2시간 30분

8   

9 강호

10 (시계)

11 78분

12 9, 30 ; 9, 22

13 4시 56분 **14** 92일

15 5일, 12일, 19일, 26일 **16** 9시

17 ㉠ 4시 45분 $\xrightarrow{\text{3시간 전}}$ 1시 45분 $\xrightarrow{\text{20분 전}}$ 1시 25분 ; 1시 25분

18 7시간 15분 **19** 11시 30분

20 ㉠ 오늘 오전 8시부터 오늘 오후 8시까지는 12시간입니다. 1시간에 5분씩 빨라지면 12시간에 60분이 빨라집니다. 따라서 이 시계가 가리키는 시각은 오후 9시입니다. ; 오후 9시

100~101쪽 서술형 평가 ❶
풀이는 30쪽에

1 ❶ 12개월 ❷ 1년 6개월

2 ❶ 2시간 ❷ 4시 30분

3 ❶ 2시 50분 ❷ 3시

4 ❶ 1시간 40분 ❷ 100분

102~103쪽 서술형 평가 ❷
풀이는 30~31쪽에

1 ㉠ 9시 20분에서 50분 전의 시각을 구합니다.
9시 20분 $\xrightarrow{\text{20분 전}}$ 9시 $\xrightarrow{\text{30분 전}}$ 8시 30분
따라서 책을 읽기 시작한 시각은 8시 30분입니다. ; 8시 30분

2 ㉠ 같은 요일은 7일마다 반복됩니다.
11월에 월요일인 날짜를 모두 찾아보면 1일, 8일, 15일, 22일, 29일입니다. 따라서 11월에 스케이트를 타러 모두 5번 갔습니다. ; 5번

3 ㉠ 민기: 7시 20분 $\xrightarrow{\text{40분 후}}$ 8시 $\xrightarrow{\text{40분 후}}$ 8시 40분
민기가 수영을 한 시간은 80분이므로 1시간 20분입니다.
현서: 8시 45분 $\xrightarrow{\text{15분 후}}$ 9시 $\xrightarrow{\text{1시간 후}}$ 10시
현서가 수영을 한 시간은 1시간 15분입니다.
따라서 수영을 더 오래한 사람은 민기입니다.
; 민기

4 ㉠ 4월 첫째 일요일이 6일이므로 6일, 13일, 20일, 27일이 일요일입니다.
4월은 30일까지 있고, 4월 30일은 수요일이므로 5월 1일은 목요일입니다.
5월 1일, 8일, 15일, 22일, 29일이 목요일이므로 5월 21일은 수요일입니다. ; 수요일

104쪽 오답 베스트 5
풀이는 31쪽에

1 목요일 **2** 2시 10분 전에 ○표

3 ㉡ **4** 화요일 **5** 8월 25일

5단원 표와 그래프

107쪽 쪽지시험 1회
풀이는 31쪽에

1 햄버거 **2** 14명

3 5, 3, 4, 2, 14

4 좋아하는 계절별 학생 수

6		○		
5	○	○	○	
4	○	○	○	○
3	○	○	○	○
2	○	○	○	○
1	○	○	○	○
학생 수(명) / 계절	봄	여름	가을	겨울

5 계절

6 곰

7 토끼

8 12명

9 4, 3, 3, 2, 12

10 주호네 반 학생들이 좋아하는 동물별 학생 수

4	×			
3	×	×	×	
2	×	×	×	×
1	×	×	×	×
학생 수(명) / 동물	곰	낙타	토끼	얼룩말

108쪽 쪽지시험 2회 풀이는 31~32쪽에

1 일주일 동안 읽은 종류별 책 수

3		○		
2		○	○	
1	○	○	○	○
책 수(권) / 종류	역사책	위인전	만화책	동화책

2 위인전 **3** 역사책, 동화책

4 2권 **5** 7권 **6** 8명

7 라 **8** 4, 3, 2, 3, 12

9 준민이네 모둠 학생들의 혈액형별 학생 수

4	○			
3	○	○		○
2	○	○	○	○
1	○	○	○	○
학생 수(명) / 혈액형	A형	B형	O형	AB형

10 크림빵

109~111쪽 단원평가 1회 풀이는 32쪽에

1 귤 **2** 준호, 영희

3 7, 5, 2, 18 **4** 5명 **5** 18명

6 유진이네 반 학생들이 좋아하는 과일별 학생 수

7	○			
6	○			
5	○		○	
4	○	○	○	
3	○	○	○	
2	○	○	○	○
1	○	○	○	○
학생 수(명) / 과일	사과	귤	포도	감

7 사과 **8** 노란색 **9** 동현, 재민

10 4, 4, 2, 2, 6, 18 **11** 18명

12 초록색 **13** 5, 3, 4 **14** 아래에 ○표

15 2명 **16** 사과 주스 **17** ㉡

18 7명 **19** 3명

20 휘상이네 반 학생들이 좋아하는 음식별 학생 수

8				/	
7		/		/	
6		/	/	/	
5	/	/	/	/	
4	/	/	/	/	
3	/	/	/	/	/
2	/	/	/	/	/
1	/	/	/	/	/
학생 수(명) / 음식	짜장면	햄버거	피자	통닭	라면

112~114쪽 단원평가 2회 풀이는 32~33쪽에

1 여름 **2** 15명 **3** 5명 **4** 영식, 은실, 재석

5 5, 3, 3, 4, 15 **6** 축구

7 경미, 형빈, 서연, 은진 **8** 9, 5, 6, 4, 24

9 5명 **10** 축구 **11** 30명 **12** 선물

13 2반 학생들이 받고 싶은 선물별 학생 수

9			○	
8	○		○	
7	○		○	○
6	○	○	○	○
5	○	○	○	○
4	○	○	○	○
3	○	○	○	○
2	○	○	○	○
1	○	○	○	○
학생 수(명) / 선물	게임기	책	인형	로봇

14 인형 **15** 책 **16** 장미

17 5, 8, 4, 7, 24

18 윤정이네 반 학생들이 좋아하는 꽃별 학생 수

8		×		
7		×		×
6		×		×
5	×	×		×
4	×	×	×	×
3	×	×	×	×
2	×	×	×	×
1	×	×	×	×
학생 수(명) / 꽃	장미	국화	채송화	튤립

19 ②, ③ **20** 2명

115~117쪽 단원평가 3회 풀이는 33~34쪽에

1 포도 **2** 새롬, 현주, 경민

3 6, 4, 3, 2, 15 **4** 15명

5 수박 **6** 4, 2, 3, 1, 10

7 선진이네 모둠 학생들이 좋아하는 채소별 학생 수

4	○			
3	○		○	
2	○	○	○	
1	○	○	○	○
학생 수(명) / 채소	호박	당근	오이	가지

8 ○ **9** 26명

10 3반 학생들이 배우고 싶은 악기별 학생 수

8			○	
7	○		○	
6	○		○	○
5	○	○	○	○
4	○	○	○	○
3	○	○	○	○
2	○	○	○	○
1	○	○	○	○
학생 수(명) / 악기	오카리나	리코더	피아노	우쿨렐레

11 피아노 **12** 3명 **13** 3권 **14** 위인전

15 ㉡ **16** 9명 **17** 7명 **18** 미국

19 예 가로에 학생 수를 8명까지 나타내야 하는데 6명까지밖에 없습니다.

20 3반 학생들이 키우고 싶은 애완동물별 학생 수

강아지	○	○	○	○	○	○	○	○
고양이	○	○	○	○	○	○		
햄스터	○	○	○	○	○	○	○	
거북	○	○	○	○	○			
애완동물 / 학생 수(명)	1	2	3	4	5	6	7	8

118~120쪽 단원평가 4회 풀이는 34쪽에

1 6, 5, 2, 1, 3, 17 **2** 5개

3 9명 **4** 떡볶이, 6명 **5** 2명

6 영범이네 반 학생들이 좋아하는 간식별 학생 수

9			×	
8		×	×	
7	×	×	×	
6	×	×	×	×
5	×	×	×	×
4	×	×	×	×
3	×	×	×	×
2	×	×	×	×
1	×	×	×	×
학생 수(명) / 간식	피자	치킨	김밥	떡볶이

7 간식

8 재연이네 반 학생들이 태어난 계절별 학생 수

겨울	○	○	○	○			
가을	○	○	○	○	○	○	○
여름	○	○	○	○			
봄	○	○	○				
계절 / 학생 수(명)	1	2	3	4	5	6	7

9 가을 **10** 3명

11 3반 학생들이 좋아하는 동물별 학생 수

6				○
5		○		○
4		○	○	○
3	○	○	○	○
2	○	○	○	○
1	○	○	○	○
학생 수(명) / 동물	코끼리	원숭이	기린	호랑이

12 호랑이 **13** 18명 **14** 표

15 생수 **16** 3명

17 준수네 반 학생들이 좋아하는 음료수별 학생 수

8	○			
7	○			○
6	○		○	○
5	○		○	○
4	○	○	○	○
3	○	○	○	○
2	○	○	○	○
1	○	○	○	○
학생 수(명) / 음료수	주스	생수	식혜	우유

18 4권 **19** 현우

20 ㉮ 유림이네 모둠 학생들이 일주일 동안 읽은 책의 수는 4+2+5+3=14(권)입니다.
따라서 21>14이므로 지현이네 모둠 학생들이 일주일 동안 읽은 책의 수가 21−14=7(권) 더 많습니다.
; 지현이네 모둠, 7권

121~123쪽 단원평가 5회 풀이는 34~35쪽에

1 장미 **2** 성한, 수지, 정아 **3** 15명
4 3, 6, 4, 2, 15 **5** 7명
6 I반 학생들이 좋아하는 케이크별 학생 수

7		○		
6	○	○		
5	○	○		○
4	○	○		○
3	○	○	○	○
2	○	○	○	○
1	○	○	○	○
학생 수(명) / 케이크	생크림	치즈	고구마	초콜릿

7 아연 **8** 윤호, 철우, 인경, 연주 **9** 겨울
10 6, 4, 8, 6, 24 **11** 4권 **12** 종류
13 한 달 동안 읽은 종류별 책 수

역사책	○	○	○	○		
동화책	○	○	○			
만화책	○	○	○	○	○	
동시집	○	○	○	○	○	○
과학책	○	○				
종류 / 책 수(권)	1	2	3	4	5	6

14 만화책, 동시집 **15** ㉡ **16** 18명
17 ㉮ 배구와 농구를 좋아하는 학생은 18−3−6=9(명)입니다.
배구를 좋아하는 학생을 □명이라 하면 농구를 좋아하는 학생은 (□+1)명입니다.
□+□+1=9, □+□=8, □=4
따라서 배구를 좋아하는 학생은 4명, 농구를 좋아하는 학생은 5명입니다. ; 5명

18 수영이네 반 학생들이 좋아하는 운동별 학생 수

6		○		
5		○		○
4		○	○	○
3	○	○	○	○
2	○	○	○	○
1	○	○	○	○
학생 수(명) / 운동	축구	야구	배구	농구

19 야구, 농구, 배구, 축구
20 ㉮ 가장 많은 학생들이 좋아하는 운동을 한눈에 알기 편리합니다.

124~125쪽 서술형 평가 ❶ 풀이는 35쪽에

1 ❶ 5명, 6명, 4명, 7명, 8명 ❷ 30명
❸ 5, 6, 4, 7, 8, 30 ❹ 소시지에 ○표
2 ❶ 7, 5, 9, 3, 24
❷ 승진이네 반 학생들이 좋아하는 간식별 학생 수

9			○	
8			○	
7	○		○	
6	○		○	
5	○	○	○	
4	○	○	○	
3	○	○	○	○
2	○	○	○	○
1	○	○	○	○
학생 수(명) / 간식	떡볶이	순대	피자	햄버거

126~127쪽 서술형 평가 ❷ 풀이는 36쪽에

1 ㉮ 파랑을 좋아하는 학생 수는 28−9−8−6=5(명)입니다.
가장 많은 학생들이 좋아하는 색깔은 빨강이고 9명입니다. 가장 적은 학생들이 좋아하는 색깔은 파랑이고 5명입니다.
따라서 학생 수의 차는 9−5=4(명)입니다.
; 4명

2 예 짬뽕을 좋아하는 학생 수를 □명이라 하면
탕수육을 좋아하는 학생 수는 (□+2)명입니다.
□+□+2=10, □+□=8, □=4
따라서 짬뽕을 좋아하는 학생은 4명, 탕수육을 좋아하는 학생은 6명입니다.
; 6명

128쪽 오답 베스트 5 풀이는 36쪽에

1 8에 ○표 **2** ㉡ **3** 3명
4 9명 **5** ㉡

6단원 규칙 찾기

131쪽 쪽지시험 1회 풀이는 36쪽에

1 △ **2** ◇ **3** □, ○, △, □
4 2, 3, 1, 2, 3, 1, 2, 3 **5** □ **6** 2, 1
7 (위부터) ○, □ ; □, □, □, □
8

0	1	0	1	1	0	1	1
1	0	1	1	1	1	0	1
1	1	1	1	0	1	1	1

9 예 0, 1이 반복되고, 1은 한 개씩 늘어납니다.
10 2, 1

132쪽 쪽지시험 2회 풀이는 36쪽에

1 (위부터) 3 ; 4 ; 5, 7 ; 6, 8, 9 **2** 1 **3** 1
4 예 ↘ 방향으로 갈수록 2씩 커지는 규칙이 있습니다.
5 (위부터) 9 ; 9, 10 ; 9, 10, 11
6 (위부터) 12, 16, 20, 24 ; 15, 20, 25, 30
7 예 오른쪽으로 갈수록 3씩 커지는 규칙이 있습니다.
8 예 아래로 내려갈수록 2씩 커지는 규칙이 있습니다.
9 세로줄 6, 12, 18, 24, 30, 36에 색칠
10 예 7씩 커지는 규칙이 있습니다.

133~135쪽 단원평가 1회 풀이는 36~37쪽에

1 (위부터) 노랑 ; 빨강, 노랑, 파랑
2 (위부터) 1, 3 ; 5, 1, 3, 5, 1, 3, 5
3 (시계 방향으로) 초록, 빨강, 파랑, 빨강
4 (그림) **5** (위부터) 4, 5, 6, 7 ; 5, 6, 7, 8
6 1
7 예 ↘ 방향으로 갈수록 2씩 커지는 규칙이 있습니다.
8 4 **9** 32 **10** (위부터) ㅇ, ㅈ, ㅅ
11 12, 13 **12** (위부터) 7, 8, 10
13 (위부터) 15, 12 **14** (위부터) 28, 35
15 ◎, △, ◎ ; 예 ◎, △가 반복됩니다.
16 □, ◎, △ ; 예 △, □, ◎가 반복됩니다.
17

가

1	2	3	4	5	6
7	8	9	10	11	12
13	14	15	16	17	18
19	20	21	22	23	24
25	26	27	28	29	30

1	2	3	4	5	6
7	8	9	10	11	12
13	14	15	16	17	18
19	20	21	22	23	24
25	26	27	28	29	30

; 예 가 구역에서는 뒤로 갈수록 6씩 커지는 규칙이 있습니다.
18 5개 **19** 예 7씩 커지는 규칙이 있습니다.
20 예 모든 요일은 7일마다 반복됩니다.

136~138쪽 단원평가 2회 풀이는 37~38쪽에

1 예 ●, ◎, ○가 반복됩니다.
2 ●, ◎, ○, ●
3 (위부터) ◇ ; ◇, ♡ ; ◇, ♡, ○ ; ◇, ♡, ○, ◇
4 파랑, 분홍, 초록
5

1	2	3	4	1	2	3
4	1	2	3	4	1	2
3	4	1	2	3	4	1
2	3	4	1	2	3	4

6 △ 7 4, 2 8 (위부터) 1 ; 4 ; 4 ; 3, 6

9 2 10 세로줄 2, 4, 6, 8, 10에 색칠

11 예 오른쪽으로 갈수록 4씩 커지는 규칙이 있습니다.

12 예 만나는 수는 서로 같습니다.

13 (위부터) 21 ; 15, 45 ; 35 ; 63

14 7일 15 1

16 (위부터) 8, 11, 12 17 (위부터) 14, 15, 18

18 1 19 ♡ 20 10개

18 (위부터) 16, 24 ; 10, 15, 25 ; 24, 36 ; 14, 28, 35 ; 24, 40

19 예 오른쪽으로 갈수록 1씩 커지는 규칙이 있습니다.

20 예 왼쪽에 있는 쌓기나무 위에 쌓기나무가 1개씩 늘어나는 규칙이므로 다음에 이어질 모양에 쌓을 쌓기나무는 5개입니다. ; 5개

139~141쪽 단원평가 3회 풀이는 38쪽에

1 ▨, ○ ; 예 ○, ▨가 반복됩니다.

2 ▨, △ ; 예 △, ◎, ▨가 반복됩니다.

3 (위부터) ♡, ● ; ●, ☆, ♡, ●

4

1	2	3	1	2	3	1	2	3
1	2	3	1	2	3	1	2	3
1	2	3	1	2	3	1	2	3

5 노랑, 파랑, 빨강 6 1 7 7개

8 (위부터) 6, 11, 20, 31

9 (위부터) 8, 9, 10 ; 8, 9, 10, 11 ; 8, 9, 10, 11, 12

10 예 오른쪽으로 갈수록 1씩 커지는 규칙이 있습니다.

11 예 1부터 시작하여 1씩 커지는 규칙이 있습니다.

12 예 7씩 커지는 규칙이 있습니다.

13 $4\times8=32$(또는 $8\times4=32$)

14

15 노랑 노랑 빨강, 노랑 초록 노랑

16 (위부터) 5, 7, 9 ; 7 ; 9, 16, 18 ; 11, 18, 20

17 예 ↘ 방향으로 갈수록 4씩 커지는 규칙이 있습니다.

142~144쪽 단원평가 4회 풀이는 38~39쪽에

1 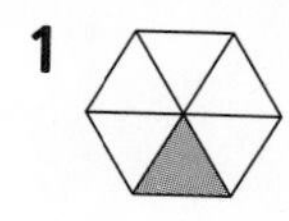

2 (위부터) ×, −, + ; −, +, ×

3

1	2	3	1	2	3	1
2	3	1	2	3	1	2
3	1	2	3	1	2	3
1	2	3	1	2	3	1

4 보라 / 초록 빨강 5 ( )(○)

6 (위부터) 30, 35 ; 30, 42 ; 35, 42 ; 48, 56

7 8

8 (위부터) 18, 20 ; 16, 18, 22 ; 22, 24 ; 20, 22, 26

9 예 오른쪽으로 갈수록 2씩 커지는 규칙이 있습니다.

10 48, 54 11 (위부터) 56, 54

12 예 아래로 내려갈수록 1씩 작아지는 규칙이 있습니다.

13 △□ / ▽○

14

×	5	6	7	8	9
5					
6				48	
7					㉡
8		㉠			
9			63		

15 예 전주행 버스는 1시간 30분마다 출발합니다.

16 10개 17 ◇

18 다열, 여덟째 19 41번

20 ㊎ 쌓기나무의 수가 1개, 2개, 3개, 4개이므로 1개씩 늘어나는 규칙입니다. 따라서 바로 다음에 이어질 모양에 쌓을 쌓기나무는 모두 5개입니다. ; 5개

145~147쪽 단원평가 5회 (풀이는 39~40쪽에)

1 ㊎ 검은색 구슬과 흰색 구슬이 반복되고 흰색 구슬이 1개씩 늘어나고 있습니다.

2 흰색

3 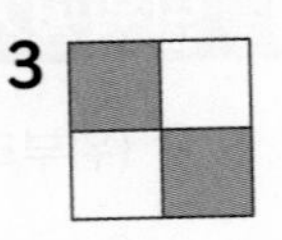

4 ㊎ 8씩 커지는 규칙이 있습니다.

5 ㊎ (위부터) ◯, □ ; △, ◯, ◯

6

4	3	1	1	4	3	1
1	4	3	1	1	4	3
1	1	4	3	1	1	4
3	1	1	4	3	1	1

7 (위부터) 7, 8, 9 ; 14 ; 16

8 ㊎ 쌓기나무가 2개씩 늘어나고 있습니다.

9 11개

10 (위부터) 35, 48, 36

11 ▲▲▲▲▲
▲▲▲▲▲

12 (위부터) 5, 7, 9 ; 6 ; 8, 13, 17 ; 10, 13, 19

13 ㊎ 오른쪽으로 갈수록 2씩 커지는 규칙이 있습니다.

14 ⇩, ⇧

15 30개

16 규칙1 ㊎ 가 섬으로 가는 배는 1시간마다 출발합니다.
규칙2 ㊎ 나 섬으로 가는 배는 1시간 30분마다 출발합니다.

17 ㊎ ㉠=5+6=11, ㉡=6+3=9, ㉢=7+5=12입니다.
가장 큰 수는 12이고 가장 작은 수는 9이므로 두 수의 합은 12+9=21입니다. ; 21

18 다열, 열두째

19 42번

20 ㊎ ㉠=3×7=21, ㉡=5×4=20, ㉢=6×5=30입니다.
가장 큰 수는 30이고 가장 작은 수는 20이므로 두 수의 합은 30+20=50입니다. ; 50

148~149쪽 서술형 평가 ❶ (풀이는 40쪽에)

1 ❶ 귤, 포도, 바나나, 사과 ❷ 사과

2 ❶

○	△	△	□	○	△	△
□	○	△	△	□	○	△
△	□	○	△	△	□	○
△	△	□	○	△	△	□

❷ ○, △, △, □가 반복됩니다.

3 ❶ ㊎ 쌓기나무가 4개, 5개씩 반복됩니다.
❷ 4개

4 ❶ 5 ❷ 25, 30

150~151쪽 서술형 평가 ❷ (풀이는 40쪽에)

1 ㊎ 도토리, 나뭇잎, 다람쥐, 버섯이 반복됩니다.
빈칸에 알맞은 것은 도토리입니다. ; 도토리

2 ㊎ 오른쪽으로 갈수록 2씩 커지고 아래로 내려갈수록 2씩 커지는 규칙이 있습니다.

3 ㊎ 위에서 첫 번째 줄에서 오른쪽으로 갈수록 4씩 커지는 규칙이 있으므로 16, 20, 24, 28, 32에서 ㉠=32입니다.
오른쪽에서 첫 번째 줄에서 아래쪽으로 내려갈수록 8씩 커지는 규칙이 있으므로 32, 40, 48, 56, 64에서 ㉡=64입니다.
따라서 ㉠+㉡=32+64=96입니다. ; 96

4 규칙1 ㊎ 오른쪽으로 갈수록 1씩 커집니다.
규칙2 ㊎ 아래로 내려갈수록 3씩 작아집니다.

152쪽 오답 베스트 5 (풀이는 40쪽에)

1 18번 **2** ★에 ○표 **3** 6개

4 10개 **5** 7, 13

정답 및 풀이

1 단원 네 자리 수

3쪽 쪽지시험 1회

1 1000 2 1000 3 1000
4 100 5 1 6 4000, 사천
7 6000, 육천 8 3000 9 8000
10 9000

7 1000이 6개이면 6000이라 쓰고 육천이라고 읽습니다.

8 삼천은 3 뒤에 0을 3개 붙여서 씁니다.
삼천 ⇨ 3000

4쪽 쪽지시험 2회

1 8, 3 2 5748 3 5936
4 사천삼백칠십오 5 구천구백팔십사
6 8259 7 3705 8 8, 800
9 5, 5000 10 4736에 ○표

4 일의 자리는 숫자만 읽고 자리를 나타내는 값은 읽지 않습니다.
⇨ 사천삼백칠십오일(×)

7

삼천	칠백		오
3	7	0	5

읽지 않은 자리에는 0을 씁니다.

5쪽 쪽지시험 3회

1 7243, 8243 2 5014, 6014, 7014
3 6378, 8378, 9378 4 3650, 3950
5 6975, 7075 6 7369, 7379
7 6604, 6614, 6624 8 1237, 1238, 1239
9 5435, 5436, 5437 10 10씩

1~3 천의 자리 수가 1씩 커지도록 뛰어 셉니다.
4~5 백의 자리 수가 1씩 커지도록 뛰어 셉니다.
6~7 십의 자리 수가 1씩 커지도록 뛰어 셉니다.
8~9 일의 자리 수가 1씩 커지도록 뛰어 셉니다.
10 십의 자리 수가 1씩 커지고 있으므로 10씩 뛰어 센 것입니다.

6쪽 쪽지시험 4회

1 > 2 < 3 < 4 >
5 3457에 ○표 6 4321에 △표
7 6537에 ○표 8 3458에 △표
9 5107에 ○표, 4899에 △표
10 ㉡, ㉠, ㉢, ㉣

7 천의 자리 수를 비교하면 5<6이므로 6537과 6524의 크기를 비교합니다.
6537>6524이므로 가장 큰 수는 6537입니다.
(3>2)

8 천의 자리 수를 비교하면 3<4이므로 3458과 3485의 크기를 비교합니다.
3458<3485이므로 가장 작은 수는 3458입니다.
(5<8)

10 ㉡ 8019>㉠ 7206>㉢ 5927>㉣ 5893
(8>7, 7>5, 9>8)

7~9쪽 단원평가 1회

1 1000, 천 2 1000 3 9000, 구천
4 육천백팔에 ○표 5 9036
6 5, 7 7 7000, 칠천 8 4000, 6
9 9415, 9417, 9418
10 5796에 ○표 11 200
12 ③ 13 < 14 >
15 5376 16 7520, 8520
17 3876, 3976 18 건강식당
19 8장 20 7530

3 1000이 ■개인 수 ⇨ ■000

4 숫자가 0인 자리는 읽지 않습니다.

6	1	0	8
육천	백		팔

⇨ 육천백팔

5 읽지 않은 백의 자리에는 0을 씁니다.

10 숫자 7이 나타내는 수를 각각 알아봅니다.
2573 ⇨ 70, 7146 ⇨ 7000, 5796 ⇨ 700, 4827 ⇨ 7

11 1000은 800보다 200만큼 더 큰 수이므로 빈칸에 알맞은 수는 200입니다.

12 ③ 숫자 5는 십의 자리 숫자이고 50을 나타냅니다.

15 1000이 5개 ⇨ 5000
100이 3개 ⇨ 300
10이 7개 ⇨ 70
1이 6개 ⇨ 6
―――――
5376

16 천의 자리 수가 1씩 커지므로 1000씩 뛰어 셉니다.

17 백의 자리 수가 1씩 커지므로 100씩 뛰어 셉니다.

19 8000은 1000이 8개인 수이므로 1000원짜리 지폐를 8장 내야 8000원이 됩니다.

20 가장 큰 네 자리 수를 만들려면 큰 숫자부터 높은 자리에 차례대로 놓습니다. ⇨ 7530

10~12쪽 단원평가 2회

1 1000 **2** ④ **3**

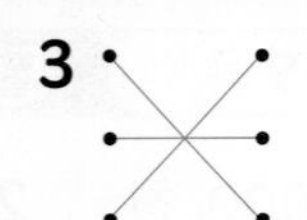

4 삼천구백사십칠 **5** 6593 **6** 9, 7

7 40 **8** ㉡ **9** 5000+800+90+2

10 3690, 3950, 4950, 3960, 3490, 3940, 3920, 3930

11 3446, 3646

12 >

13 <

14 4000, 사천 **15** 3228에 ○표

16 나 **17** 2794 **18** 1000배

19 2690개 **20** 2489

2 ④ 600보다 300만큼 더 큰 수는 900입니다.
①, ②, ③, ⑤는 모두 1000을 나타냅니다.

11 백의 자리 수가 1씩 커지므로 100씩 뛰어 센 것입니다.

14 100원짜리 동전 10개는 1000원입니다.
1000이 4개이면 4000이라 쓰고 사천이라고 읽습니다.

15 숫자 3이 나타내는 수를 각각 알아봅니다.
9357 → 300, 4013 → 3, 1634 → 30, 3228 → 3000
⇨ 숫자 3이 나타내는 수가 가장 큰 수는 3228입니다.

18 ㉠은 천의 자리 숫자이므로 8000을 나타내고, ㉡은 일의 자리 숫자이므로 8을 나타냅니다.
⇨ 8000은 8의 1000배입니다.

19 2290에서 100씩 4번 뛰어 센 수를 찾습니다.
2290 − 2390 − 2490 − 2590 − 2690
(1번, 2번, 3번, 4번)
⇨ 상자 안의 구슬은 모두 2690개가 됩니다.

20 가장 작은 네 자리 수를 만들려면 작은 숫자부터 높은 자리에 차례대로 놓습니다. ⇨ 2489

13~15쪽 단원평가 3회

1 6000, 육천 **2** 1000 **3** 6351

4 2358원 **5** 5, 9, 4, 6 **6** ㉣

7 2693, 2703, 2713 **8** <

9 2000, 이천 **10** 도희 **11** 3개

12 8987 **13** ○ **14** 7735

15 2700원

16 은호네 마을 **17** 3552, 3799

18 7965 **19** 5130원

20 예 백의 자리와 십의 자리 수가 각각 같으므로 일의 자리 수를 비교하면 3<8입니다. 따라서 □ 안에는 6보다 작은 수인 1, 2, 3, 4, 5가 들어갈 수 있으므로 모두 5개입니다. ; 5개

7 10씩 뛰어 세면 십의 자리 수가 1씩 커집니다.

주의

2683에서 10을 뛰어 세면 ⇨ 2693
2693에서 10을 뛰어 세면 십의 자리 수는 0이 되고 백의 자리 수는 1 커지므로 2703입니다.

10 서준: 8195, 도희: 8453
⇨ 더 큰 수를 말한 사람은 도희입니다.

11 천의 자리 숫자가 3인 수는 3496, 3012, 3107 이므로 모두 3개입니다.

14 2735 − 3735 − 4735 − 5735 − 6735 − 7735 (㉠)

15 1000원짜리 지폐 2장: 2000원
100원짜리 동전 7개: 700원
2700원

16 천의 자리 숫자가 1인 1983과 1946의 크기를 비교하면 1983>1946이므로 가장 적은 사람이 사는 마을은 은호네 마을입니다.

17 3350<[3352]<3552<3799<[3810]<3815

18 백의 자리 숫자가 9이므로 천의 자리에는 7을 놓아야 합니다. 만들 수 있는 네 자리 수 중 백의 자리 숫자가 9인 가장 큰 네 자리 수는 7965입니다.

19 2130에서 1000씩 3번 뛰어 셉니다.
2130 − 3130 − 4130 − 5130
(10월) (11월) (12월)

20 예 1000원짜리 지폐 6장: 6000원
100원짜리 동전 12개: 1200원
10원짜리 동전 26개: 260원
7460원
따라서 승우가 가지고 있는 돈은 모두 7460원입니다. ; 7460원

16~18쪽 단원평가 4회

1 3725 **2** 민호 **3** (선 잇기)
4 100씩 **5** > **6** ①, ⑤
7 ( )(○)( ) **8** 5065, 8065, 9065
9 2936, 3150, 4001 **10** 3개
11 2000개 **12** ㉢ **13** 정수네 마을
14 3400원 **15** 300원 **16** ㉡, ㉠, ㉢
17 5330 **18** 4896 **19** 0, 1, 2, 3

8 6065에서 7065로 천의 자리 수가 1만큼 커졌으므로 1000씩 뛰어 센 것입니다.

10 십의 자리 숫자가 2인 수는 5821, 9620, 1326 이므로 모두 3개입니다.

11 100개씩 10상자는 1000개이므로 100개씩 20상자는 2000개입니다.

12 ㉠ 4600 ⇨ 2개 ㉡ 7020 ⇨ 2개
㉢ 5000 ⇨ 3개 ㉣ 9011 ⇨ 1개

15 10원짜리 동전 10개는 100원이므로 하준이가 가진 동전은 700원입니다.
1000원이 되려면 300원이 더 있어야 합니다.

16 ㉠ 4605 ㉡ 5237 ㉢ 4098
⇨ 5237 (㉡) > 4605 (㉠) > 4098 (㉢)

17 5730에서 100씩 거꾸로 4번 뛰어 셉니다.
[5330] − [5430] − [5530] − [5630] − [5730]
어떤 수 4번 3번 2번 1번

18 48□6인 수 중에서 가장 큰 수는 십의 자리 숫자가 9인 4896입니다.

19 천의 자리와 백의 자리 수가 각각 같고 일의 자리 수를 비교하면 5>3입니다.
⇨ □ 안에는 4보다 작은 수인 0, 1, 2, 3이 들어갈 수 있습니다.

19~21쪽 단원평가 5회

1 8535 **2** 찬형 **3** >
4 ㉡ **5** 6000개 **6** (선 잇기)
7 2107, 2117, 2127 **8** ㉠, ㉣
9 4329에 ○표, 9264에 △표 **10** 8369

11 ㉢, ㉡, ㉣, ㉠ **12** 3530 **13** 3610
14 준영 **15** 100배 **16** 7
17 예 5800에서 100씩 7번 뛰어 센 수를 찾습니다.
5800－5900－6000－6100－6200
－6300－6400－6500이므로 모두
6500원이 됩니다. ; 6500원
18 7 **19** 7개
20 예 6000과 7000 사이에 있는 수이므로 천의 자리 숫자는 6입니다. 백의 자리 숫자가 5, 일의 자리 숫자가 2이므로 65□2라고 하면 십의 자리 숫자는 천의 자리 숫자보다 3만큼 더 크므로 □=9입니다. 따라서 설명하는 수는 6592입니다. ; 6592

6 200보다 800만큼 더 큰 수는 1000입니다.
500보다 500만큼 더 큰 수는 1000입니다.
7 십의 자리 수가 1씩 커지므로 10씩 뛰어 세었습니다.
2077－2087－2097－2107－2117－2127
8 각 수의 백의 자리 숫자를 알아봅니다.
㉠ 1734 ⇨ 7 ㉡ 삼천이백십칠 ⇨ 3217 ⇨ 2
㉢ 5072 ⇨ 0 ㉣ 팔천칠백육 ⇨ 8706 ⇨ 7
10 10씩 뛰어 세면 십의 자리 수가 1씩 커집니다.
8329－8339－8349－8359－8369
12 오른쪽으로 한 칸씩 갈수록 10씩 커집니다.
⇨ 3520 다음의 ㉠은 3530입니다.
14 준영: 5603, 재호: 5097, 민주: 5380
⇨ 5603＞5380＞5097
준영 민주 재호
15 ㉠은 백의 자리 숫자이므로 600을 나타내고, ㉡은 일의 자리 숫자이므로 6을 나타냅니다.
⇨ 600은 6의 100배입니다.
16 1000이 3개 ⇨ 3000
100이 16개 ⇨ 1600
10이 15개 ⇨ 150
1이 2개 ⇨ 2
4752
└→ 백의 자리 숫자

18 79㉠2가 7968보다 크려면 ㉠은 6보다 커야 합니다.
⇨ ㉠이 될 수 있는 가장 작은 수는 7입니다.
19 5□□□인 경우: 5048
4□□□인 경우: 4058, 4085, 4508, 4580, 4805, 4850
⇨ 7개

22~23쪽 서술형 평가 ❶

1 ❶ 9000 ❷ 9000장
2 ❶ ＞ ❷ 지윤
3 ❶ 30, 3 ❷ 10배
4 ❶ 7 ❷ 5 ❸ 7250

3 ❶ ㉠ 십의 자리 숫자이므로 30을 나타냅니다.
㉡ 일의 자리 숫자이므로 3을 나타냅니다.
❷ 30은 3의 10배입니다.
4 ❶ 7000보다 크고 8000보다 작으므로 천의 자리 숫자는 7입니다.
❷ 십의 자리 숫자가 50을 나타내므로 십의 자리 숫자는 5입니다.
❸

천의 자리	백의 자리	십의 자리	일의 자리
7	2	5	0

⇨ 7250

24~25쪽 서술형 평가 ❷

1 예 지현이가 모은 붙임 딱지는 100장씩 7상자이므로 700장입니다.
1000은 700보다 300만큼 더 큰 수입니다.
따라서 붙임 딱지 300장을 더 모아야 합니다.
; 300장
2 예 2043과 2134 중에서 더 큰 수는 2134입니다.
따라서 더 많이 있는 초콜릿은 달달 초콜릿입니다.
; 달달 초콜릿

3 예 어떤 수는 8291에서 10씩 거꾸로 5번 뛰어 센 수입니다.

8241－8251－8261－8271－8281－8291

(어떤 수, 5번, 4번, 3번, 2번, 1번)

; 8241

4 예 천의 자리 숫자가 2, 백의 자리 숫자가 6인 네 자리 수를 26■▲라 합니다.

26■▲ > 2695이려면 ■▲ > 95이어야 합니다.

■▲에 알맞은 수는 96, 97, 98, 99이므로 천의 자리 숫자가 2, 백의 자리 숫자가 6인 네 자리 수 중에서 2695보다 큰 수는 2696, 2697, 2698, 2699로 모두 4개입니다.

; 4개

26쪽 오답 베스트 5

1 지수 2 700 3 7500원, 9500원
4 2개 5 3258

1 효정: 천 모형이 4개이면 4000입니다.
제준: 백 모형이 40개이면 4000입니다.
지수: 백 모형이 4개이면 400입니다.
⇨ 다른 수를 말한 사람은 지수입니다.

2 3718에서 숫자 7은 백의 자리 숫자이므로 700을 나타냅니다.

3 6500부터 1000씩 뛰어 세어 봅니다.
6500－7500－8500－9500
(8월) (9월) (10월)
⇨ 8월에는 7500원, 10월에는 9500원이 됩니다.

4 6317과 631□의 천, 백, 십의 자리 수가 같으므로 일의 자리 수를 비교해 봅니다.
⇨ □ 안에는 7보다 큰 수가 들어갈 수 있으므로 8, 9로 모두 2개입니다.

5 백의 자리 숫자가 2인 네 자리 수: □2□□
⇨ 남은 수 5, 3, 8을 높은 자리부터 작은 수를 차례대로 놓으면 3258입니다.

2단원 곱셈구구

30쪽 쪽지시험 1회

1 12, 12 2 25, 25
3 예 (그림) ; 4, 20
4 (그림) ; 8 5 16
6 10
7 15 8 35 9 7, 14 10 6, 30

1 2씩 6묶음 ⇨ $2\times6=12$
3 5개씩 4묶음 ⇨ $5\times4=20$
4 한 곳에 ○를 2개씩 그립니다. ⇨ $2\times4=8$
9 2개씩 7묶음 ⇨ $2\times7=14$
10 5장씩 6송이 ⇨ $5\times6=30$

31쪽 쪽지시험 2회

1 12, 12 2 12, 12
3 예 (그림) ; 5, 30
4 (그림) ; 18 5 21
6 27
7 48 8 54 9 4, 24 10 5, 15

32쪽 쪽지시험 3회

1 6, 24 2 3, 24
3 예 (그림) ; 5, 40 4 4
5 20
6 36
7 56 8 72 9 48 10 3, 12

4 $4\times7=\underline{28}$, $4\times8=\underline{32}$

+4

⇨ 32는 28보다 4만큼 더 큽니다.

10 4자루씩 3묶음 ⇨ $4\times3=12$

33쪽 쪽지시험 4회

1 3, 21

2 4, 36

3 예 ; 8, 56

4 9

5 28

6 42

7 72

8 81

9 49

10 5, 35

4 $9\times2=\underline{18}$, $9\times3=\underline{27}$

+9

⇨ 27은 18보다 9만큼 더 큽니다.

10 7개씩 5묶음 ⇨ $7\times5=35$

34쪽 쪽지시험 5회

1 0

2 0

3 7

4 1, 6, 6

5 0

6

×	2	3	4	5
2	4	6	8	10
3	6	9	12	15
4	8	12	16	20
5	10	15	20	25

7 같습니다에 ○표

8 36명

9 14개

10 40개

1 0과 어떤 수의 곱은 항상 0입니다.

2 어떤 수와 0의 곱은 항상 0입니다.

3 1×(어떤 수)=(어떤 수)

4 접시 1개에 감이 1개씩 있으므로 접시 6개에 있는 감은 모두 6개입니다.

5 (어떤 수)×0=0

7 $3\times5=\underline{15}$, $5\times3=\underline{15}$

같습니다.

35~37쪽 단원평가 1회

1 18, 18

2 20

3 16, 24, 32

4 7, 5

5 4, 28

6

7 4, 36

8 8, 20, 24, 28

9 4, 32

10 1, 5, 5

11 0, 0

12 6, ×8, ×6, ×4, 24

13 10 cm

14 (위부터) 40, 45 ; 56, 63

15 ④

16 <

17 19

18 4, 2

19 16개

20 15명

13 색 테이프는 2 cm씩 5개이므로 2의 5배입니다.

⇨ $2\times5=10$ (cm)

15 ④ $9\times7=63$

16 $7\times0=0$, $1\times3=3$ ⇨ $0<3$

17 $1\times9=9$, $5\times2=10$

⇨ $9+10=19$

19 $2\times8=16$(개)

20 $3\times5=15$(명)

38~40쪽 단원평가 2회

1 14

2 6, 8, 10, 12, 14, 16, 18

3 2씩

4 0

5 4

6 7, 56

7 ㉢

8 24, 28

9 12, 24, 42, 48

10

11 ⑤

12 6

13 ( )( )(○)

14 ; 5

15 18개

16 9, 49

17

54	27	30	45
12	36	63	6
9	24	8	5
48	56	18	42

18 ㉡, ㉢, ㉠, ㉣

19 32개

20 38살

11 ⑤ $3\times9=27$

12 7단 곱셈구구를 외워 결과가 42인 것을 찾습니다. $7\times6=42$이므로 □ 안에 알맞은 수는 6입니다.

16 ㉮: $3\times3=9$, ㉯: $7\times7=49$

18 ㉠ 18 ㉡ 24 ㉢ 21 ㉣ 15
⇨ ㉡>㉢>㉠>㉣

20 (지호 나이의 5배)$=8\times5=40$(살)
⇨ (삼촌의 나이)$=40-2=38$(살)

16 $0\times3=0$, $1\times4=4$, $2\times1=2$, $3\times2=6$

17 $0+4+2+6=12$(점)

18 $8\times6=48$이므로 □ 안에 들어갈 수 있는 수는 6보다 작은 수인 1, 2, 3, 4, 5로 모두 5개입니다.

19 어떤 수를 □라 하면 □$+6=13$
⇨ $13-6=$□, □$=7$입니다.
따라서 바르게 계산하면 $7\times8=56$입니다.

41~43쪽 단원평가 3회

1 7, 28

2 ; 27

3 6, 30

4 0

5 7, 42

6 32

7

×	1	3	5	7
5	5	15	25	35
6	6	18	30	42

8 4, 28 ; 7, 28

9 도진

10 17

11 예 2×9, 9×2, 18, 3×6, 6×3

12 ④

13 ㉢, ㉤

14 56

15 20명

16 0, 4, 2, 6

17 12점

18 5개

19 56

20 예 연필: $2\times4=8$(자루), 볼펜: $4\times5=20$(자루)
따라서 승희가 가지고 있는 연필과 볼펜은 모두 $8+20=28$(자루)입니다. ; 28자루

8 7마리씩 4줄이므로 $7\times4=28$입니다.
4마리씩 7줄이므로 $4\times7=28$입니다.

9 지호: $7+7+7+7+7$로 구할 수 있습니다.
수민: 7×5로 구할 수 있습니다.

10 $5\times7=35$, $3\times6=18$
⇨ $35-18=17$

12 ① 4 ② 8 ③ 9 ④ 3 ⑤ 6

13 $3\times8=24$
㉠ 12 ㉡ 20 ㉢ 24 ㉣ 14 ㉤ 24 ㉥ 21

14 • $7\times7=49$ → ㉠$=49$
• $5\times$㉡$=35$ → $5\times7=35$이므로 ㉡$=7$
⇨ ㉠+㉡$=49+7=56$

44~46쪽 단원평가 4회

1 4, 8

2 45

3 0, 5, 10, 15, 20, 25 ; 24

4 ( )(○)( )

5 4, 4 ; 7, 7

6 8, 72

7

×	5	6	7	8
5				
6				
7				
8		★		

8 7

9 ③

10 ⑤

11

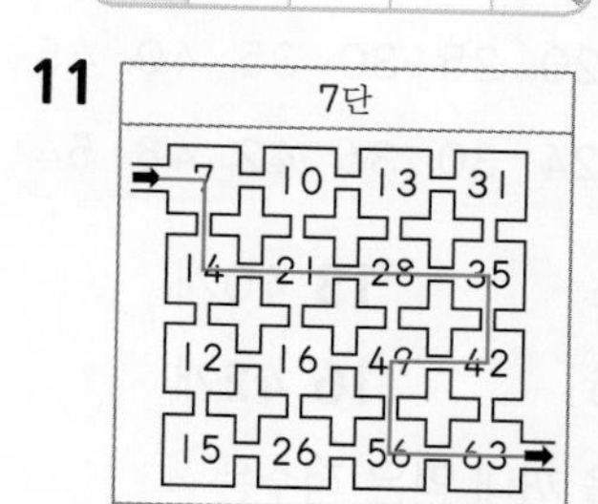

12 8, 16 ; 4, 16 ; 2, 16

13 ㉠, ㉣

14 15개

15 6, 5, 4

16 50, 51, 52, 53

17 32개

18 14살

19 9봉지

20 예 1등 점수의 합: $4\times7=28$(점)
2등 점수의 합: $3\times4=12$(점)
3등 점수의 합: $1\times8=8$(점)
따라서 재호네 반 달리기 점수는 모두 $28+12+8=48$(점)입니다. ; 48점

4 $0\times7=0$, $6\times1=6$

7 ★$=8\times6=48$이고 두 수의 순서를 바꾸어도 곱이 같으므로 $6\times8=48$인 칸에 색칠합니다.

10 ① 3 ② 6 ③ 5 ④ 7 ⑤ 9

13 8개씩 5묶음 ⇨ $8\times5=40$

16 $7\times7=49$, $6\times9=54$이므로 $49<\square<54$

⇨ □ 안에 알맞은 두 자리 수: 50, 51, 52, 53

17 사과: $8\times3=24$(개), 멜론: $4\times2=8$(개)

⇨ $24+8=32$(개)

18 (지혜 나이의 2배)$=9\times2=18$(살)

⇨ (오빠의 나이)$=18-4=14$(살)

19 6개씩 6봉지이면 $6\times6=36$(개)입니다.

$4\times\square=36$, $\square=9$(봉지)

47~49쪽 단원평가 5회

1 12, 24, 36
2 16, 40, 48, 72
3 (선 잇기)
4 72
5 28, 16, 20에 ○표
6 ㉢
7 (왼쪽부터) 35, 0
8 ㉢, ㉠, ㉡
9 24

10

×	1	2	3	4	5	6	7	8	9
4	4	8	12	16	20	24	28	32	36
5	5	10	15	20	25	30	35	40	45
6	6	12	18	24	30	36	42	48	54

11 0 ; 0
12 56
13 40개
14 7
15 65
16 42개

17 예 각 수가 적힌 공을 꺼내 얻은 점수는

$0\times4=0$(점), $1\times3=3$(점), $2\times1=2$(점),

$3\times2=6$(점)입니다.

⇨ (민주가 얻은 점수)

$=0+3+2+6=11$(점) ; 11점

18 하준
19 20

20 예 6명씩 앉을 수 있는 의자 7개: $6\times7=42$(명)

8명씩 앉을 수 있는 의자 9개: $8\times9=72$(명)

⇨ $42+72=114$(명) ; 114명

---

4 9×7보다 9만큼 더 큰 수는 $9\times8=72$입니다.

9 삼각형에 쓰인 두 수는 3, 8입니다.

⇨ $3\times8=24$

11 곱하는 수가 작을수록 계산한 값이 작으므로

$7\times0=0$입니다.

12 $7\times9=63$ ⇨ $9\times$㉮$=63$, ㉮$=7$

$6\times4=24$ ⇨ $3\times$㉯$=24$, ㉯$=8$

⇨ ㉮$\times$㉯$=7\times8=56$

14 어떤 수를 □라 하면 $\square\times6=42$, $\square=7$입니다.

15 $8\times8=64$이므로 $64<\square$입니다.

⇨ □ 안에 들어갈 수 있는 가장 작은 두 자리 수는

65입니다.

16 9개씩 5접시: $9\times5=45$(개)

⇨ (방울토마토의 수)$=45-3=42$(개)

18 주아: $1\times5=5$(점), $3\times4=12$(점)

→ $5+12=17$(점)

하준: $1\times3=3$(점), $3\times6=18$(점)

→ $3+18=21$(점)

⇨ 점수가 더 높은 사람은 하준입니다.

19 합이 9가 되는 경우는 (3, 6), (4, 5)입니다. 이때 두 눈의 수의 곱을 구하면 $3\times6=18$, $4\times5=20$이므로 곱이 가장 큰 경우는 $4\times5=20$입니다.

50~51쪽 서술형 평가 ①

1 ❶ 7, 28 ❷ 28개

2 ❶ $7\times9=63$ ❷ 63명

3 ❶ 24권 ❷ 15권 ❸ 39권

4 ❶ 32 ❷ 45 ❸ 77

---

1 ❶ 4개씩 7봉지는 4의 7배입니다.

⇨ $4\times7=28$

2 ❶ 7명씩 9줄은 7의 9배입니다.

⇨ $7\times9=63$

3 ❶ $6\times4=24$(권)

❷ $5\times3=15$(권)

❸ (위인전의 수)+(동화책의 수)

$=24+15=39$(권)

4 ❶ $8\times4=32$

❷ $9\times5=45$

❸ ◆+★$=32+45=77$

52~53쪽 서술형 평가 ②

1 예 6의 7배는 $6\times7=42$이므로 개미 7마리의 다리는 모두 42개입니다. ; 42개

2 예 빨간색 빨대: 7개씩 5묶음 ⇨ $7\times5=35$(개)
초록색 빨대: 6개씩 3묶음 ⇨ $6\times3=18$(개)
따라서 빨간색 빨대가 $35-18=17$(개) 더 많습니다. ; 17개

3 예 필요한 접시의 수를 □개라 하여 꿀떡의 수를 구하는 곱셈식을 쓰면 $9\times\square=54$입니다.
⇨ $9\times6=54$이므로 필요한 접시는 6개입니다.
; 6개

4 예 1점에 2번 ⇨ $1\times2=2$(점)
3점에 3번 ⇨ $3\times3=9$(점)
5점에 4번 ⇨ $5\times4=20$(점)
따라서 민정이가 얻은 점수는 모두 $2+9+20=31$(점)입니다. ; 31점

54쪽 오답 베스트 5

1 38살 **2** 37개 **3** ②, ⑤
4 23개 **5** 26점

1 9의 4배는 $9\times4=36$이고, 36보다 2만큼 더 큰 수는 $36+2=38$입니다.
⇨ 현지 어머니의 나이는 38살입니다.

2 배: $8\times2=16$(개), 참외: $7\times3=21$(개)
⇨ $16+21=37$(개)

3 3개씩 묶으면 4묶음이므로 3×4이고, 6개씩 묶으면 2묶음이므로 6×2입니다.

4 두발자전거 1대의 바퀴는 2개이므로 4대의 바퀴는 $2\times4=8$(개)이고, 세발자전거 1대의 바퀴는 3개이므로 5대의 바퀴는 $3\times5=15$(개)입니다.
⇨ 자전거의 바퀴는 모두 $8+15=23$(개)입니다.

5 눈의 수 3이 2번 나오면 $3\times2=6$(점), 눈의 수 4가 5번 나오면 $4\times5=20$(점)입니다.
⇨ 얻은 점수는 모두 $6+20=26$(점)입니다.

3단원 길이 재기

57쪽 쪽지시험 1회

1 100 **2** 200 **3** 6미터 19센티미터
4 3, 42 **5** 530 **6** 102, 1, 5 **7** ㉡
8 8, 60 **9** 8, 60 **10** 9, 81

4 342 cm=300 cm+42 cm
=3 m+42 cm=3 m 42 cm

5 5 m 30 cm=500 cm+30 cm=530 cm

7 ㉠ 350 cm=3 m 50 cm

58쪽 쪽지시험 2회

1 2 m **2** 6 m **3** 3, 22 **4** 4, 5
5 7, 51 **6** 3 m 32 cm **7** 7 m 24 cm
8 예 의자, 식탁 **9** ㉠, ㉣ **10** ㉡

9 교실 문, 전봇대는 내 키보다 높습니다.

10 ㉠ 약 3 m로 10번 정도면 약 30 m로 어림할 수 있습니다.
㉡ 약 130 cm로 10번 정도면 약 1300 cm이므로 약 13 m로 어림할 수 있습니다.

59~61쪽 단원평가 1회

1 1m 1m 1m
2 4미터 65센티미터 **3** 300
4 5, 43 **5** m ; cm **6** 6, 55
7 8, 59 **8** ② **9** 3, 13
10 1, 31 **11** 1, 30
12 135 cm ; 10 m **13** 6, 3, 2
14 ㉠, ㉢, ㉡ **15** 4 m 24 cm **16** ㉢
17 유경, 은진, 승호, 지아 **18** 3, 65
19 9 m 90 cm **20** 2 m 63 cm

1 l m를 쓸 때는 l보다 m를 작게 씁니다.

3 l m=100 cm이므로 3 m=300 cm입니다.

4 543 cm=500 cm+43 cm
=5 m+43 cm
=5 m 43 cm

5 • 칠판 긴 쪽의 길이는 약 3 m입니다.
• 교실 문의 높이는 약 220 cm입니다.

6 cm끼리의 합: 24+31=55 (cm)
m끼리의 합: 2+4=6 (m)

7 cm끼리의 합: 13+46=59 (cm)
m끼리의 합: 6+2=8 (m)

13 6>3>2이므로 □ 안에 큰 수부터 차례대로 써넣습니다.

14 주어진 길이가 짧을수록 여러 번 재어야 합니다.

17 138 cm>127 cm>124 cm>105 cm

18 1 m 42 cm+2 m 23 cm
=3 m 65 cm

19 5 m 30 cm+4 m 60 cm
=9 m 90 cm

20 3 m 76 cm−1 m 13 cm
=2 m 63 cm

62~64쪽 단원평가 2회

1 3m 3m 3m

2 2, 3	3 460	4 깁니다에 ○표
5 160 cm	6 9, 77	7 8, 58
8 (1) 3, 90 (2) 1, 60 (3) 2, 30		9 7, 30
10 8, 14	11 ( ) (○) ( )	12 1 m 14 cm 13 3 m 68 cm 14 ( )(○)
15 ㉠, ㉢, ㉤		16 2 m 83 cm
17 ㉡		18 5, 70
19 2 m 30 cm		20 5 m 90 cm

2 203 cm=200 cm+3 cm
=2 m+3 cm=2 m 3 cm

3 4 m 60 cm=4 m+60 cm
=400 cm+60 cm
=460 cm

11 동생의 키와 우산의 길이는 2 m가 넘지 않습니다.

15 교실 문의 높이, 버스의 길이는 1 m보다 깁니다.

16 157 cm=1 m 57 cm
⇨ 1 m 57 cm+1 m 26 cm=2 m 83 cm

17 ㉠ 415 cm ㉡ 720 cm ㉢ 700 cm
㉣ 576 cm이므로 가장 긴 것은 ㉡입니다.

18 처음 길이에서 남은 길이를 빼면 사용한 테이프의 길이를 알 수 있습니다.

```
  7 m 70 cm
− 2 m
-----------
  5 m 70 cm
```

19 1 m짜리 막대로 2번: 2 m, 약 30 cm 남음 ⇨ 약 2 m 30 cm

20 2 m 36 cm+3 m 54 cm=5 m 90 cm

65~67쪽 단원평가 3회

1 4	2 5, 7	3 ②
4 3 m	5 7, 70	6 8 m 91 cm
7 6 m 83 cm	8 4 m 24 cm	9 3 m 27 cm
10 예 소파의 긴 쪽, 식탁의 긴 쪽		
11 2, 23	12 3 m	13 136 cm
14 cm ; cm ; m		
15 ( ) ( ) (×)	16 ㉢, ㉡, ㉠, ㉣ 17 ㉡, ㉤ 19 29 m 55 cm	18 124 cm

20 예 초록색 끈의 길이에 2 m 39 cm를 더합니다.
(주황색 끈의 길이)
=1 m 42 cm+2 m 39 cm
=3 m 81 cm
; 3 m 81 cm

13 1 m 36 cm=1 m+36 cm
=100 cm+36 cm
=136 cm

16 ㉠ 5 m 29 cm ㉡ 5 m 40 cm
㉢ 5 m 82 cm ㉣ 5 m 9 cm
⇨ ㉢>㉡>㉠>㉣

18 2 m 30 cm−1 m 6 cm=1 m 24 cm
⇨ 1 m 24 cm=124 cm

19 920 cm=9 m 20 cm
(학교~약국~집)=20 m 35 cm+9 m 20 cm
=29 m 55 cm

68~70쪽 단원평가 4회

1 2, 1 2 m ; cm ; m
3 (○)
(△)
(△)
(○)
4 ③ 5 ㉡
6 8 m 74 cm 7 3 m 80 cm
8 2 m 2 cm 9 3 m 27 cm
10 7 m 35 cm
11 로하 12 372 13 5 m 28 cm
14 영희 15 12 m 62 cm
16 5 m 71 cm 17 11 m 21 cm
18 1 m 78 cm 19 4 m
20 예 (전체 길이)
=1 m 25 cm+1 m 25 cm−30 cm
=2 m 50 cm−30 cm
=2 m 20 cm ; 2 m 20 cm

10 2 m 11 cm+5 m 24 cm=7 m 35 cm

11 끈의 길이와 5 m의 차를 구합니다.
주미: 20 cm, 로하: 5 cm, 혜지: 10 cm이므로 자른 끈의 길이가 5 m와 가장 가까운 사람은 로하입니다.

참고
어림한 길이와 5 m의 차가 가장 작은 것이 5 m와 가장 가깝게 자른 것입니다.

12 7 m 99 cm−4 m 27 cm
=3 m 72 cm=372 cm

13 16 m 33 cm−11 m 5 cm=5 m 28 cm

14 밧줄의 길이는 1 m로 10번 정도이므로 약 10 m입니다.

15 가장 긴 길이: 6 m 53 cm
가장 짧은 길이: 6 m 9 cm
⇨ 6 m 53 cm+6 m 9 cm=12 m 62 cm

16 3 m 27 cm+2 m 44 cm=5 m 71 cm

17 98 m 85 cm−87 m 64 cm
=11 m 21 cm

18 동호의 키가 125 cm=1 m 25 cm이므로 동호 아버지의 키는
1 m 25 cm+53 cm=1 m 78 cm입니다.

19 두 걸음이 약 1 m이므로 8걸음은 약 1 m가 4번입니다. 따라서 신발장의 길이는 약 4 m입니다.

71~73쪽 단원평가 5회

1 634 2 ② 3 1 m 53 cm
4 4 m 40 cm 5 7 m 70 cm 6 ㉡, ㉣
7 2, 5, 8, 9 8 8 m 81 cm 9 4 m 23 cm
10 97 m 75 cm 11 ㉠
12 3 m 93 cm 13 2 m 35 cm
14 예 자의 눈금이 8부터 시작해서 1 m 30 cm가 아닙니다.
15 2 m 27 cm
16 (위부터) 9, 8, 6 ; 1, 3, 5 ; 8, 5, 1
17 우민 18 5 m 19 3 m 7 cm
20 예 1 m 40 cm+1 m 40 cm=2 m 80 cm
처음에 있던 리본의 길이:
2 m 80 cm+10 cm=2 m 90 cm
; 2 m 90 cm

1 6 m 34 cm=6 m+34 cm
=600 cm+34 cm
=634 cm

2 ① 405 cm=4 m 5 cm
③ 790 cm=7 m 90 cm
④ 5 m 5 cm=505 cm
⑤ 401 cm=4 m 1 cm

9 1 m 8 cm+3 m 15 cm=4 m 23 cm

10 67 m 65 cm+30 m 10 cm=97 m 75 cm

11 ㉠ 5 m 81 cm ㉡ 5 m 43 cm ㉢ 5 m 75 cm
이므로 ㉠ 5 m 81 cm가 가장 깁니다.

13 390 cm=3 m 90 cm
⇨ 3 m 90 cm−1 m 55 cm=2 m 35 cm

16 가장 긴 길이: 9 m 86 cm
가장 짧은 길이: 1 m 35 cm
⇨ 9 m 86 cm−1 m 35 cm=8 m 51 cm

참고
가장 긴 길이를 만들기 위해서는 m 단위부터 가장 큰 숫자를 넣어야 하고 가장 짧은 길이를 만들기 위해서는 m 단위부터 가장 작은 숫자를 넣어야 합니다.

17 우민: 약 100 cm로 8번이면 약 8 m입니다.
상훈: 약 120 cm로 5번이면 약 6 m입니다.

18 두 걸음이 약 1 m이므로 10걸음은 약 1 m가 5번입니다. 따라서 기차의 길이는 약 5 m입니다.

19 재규가 가지고 있는 끈의 길이:
4 m 50 cm+36 cm=4 m 86 cm
민재가 가지고 있는 끈의 길이:
4 m 86 cm−179 cm
=4 m 86 cm−1 m 79 cm
=3 m 7 cm

74~75쪽 서술형 평가 ❶

1 ❶ 12 ❷ 12 cm
2 ❶ 파란색, 노란색 ❷ 보라색
3 ❶ 3 m 24 cm ❷ 3 m 5 cm
❸ 6 m 29 cm
4 ❶ 1 m ❷ 6 m

2 ❶ 빨간색, 파란색: 105 cm,
주황색, 노란색: 115 cm

3 ❶ 324 cm=3 m 24 cm
⇨ 3 m 24 cm>3 m 23 cm>3 m 5 cm

❸
```
   3 m 24 cm
 + 3 m  5 cm
 -----------
   6 m 29 cm
```

4 ❶ 한 걸음이 약 50 cm이면 2걸음은 약 100 cm이므로 약 1 m입니다.
❷ 12걸음은 2걸음의 6배입니다. 2걸음은 약 1 m이므로 12걸음은 약 6 m입니다.

76~77쪽 서술형 평가 ❷

1 예 선희네 집에서 놀이터를 지나 학원까지 가는 거리의 합을 구합니다.
⇨ 10 m 24 cm+55 m 35 cm
=65 m 59 cm
; 65 m 59 cm

2 예 2 m의 4배는 8 m입니다.
교실 긴 쪽의 길이는 8 m보다 60 cm 더 길므로 8 m 60 cm=860 cm입니다.
; 860 cm

3 예 길이가 더 긴 것은 분홍색 털실입니다.
⇨ 7 m 89 cm−3 m 52 cm=4 m 37 cm
; 4 m 37 cm

4 예 5 m와 가지고 있는 줄의 길이의 차를 각각 구합니다.
지우: 5 m 14 cm−5 m=14 cm,
재구: 5 m−4 m 97 cm
=500 cm−497 cm=3 cm,
수지: 5 m 8 cm−5 m=8 cm
따라서 길이가 5 m에 가장 가까운 줄을 가진 사람은 차가 가장 작은 재구입니다.
; 재구

78쪽 오답 베스트 5

1 3 m 50 cm **2** (1) 45 cm (2) 324 m
3 30 cm **4** ㉡ **5** 4 m

1 5 m 80 cm－2 m 30 cm
＝3 m 50 cm

2 각각의 길이를 어림해 보고, 주어진 길이 중에서 알맞은 것을 골라 문장을 완성합니다.

3 (민호가 가지고 있는 끈의 길이)
－(연아가 가지고 있는 끈의 길이)
＝3 m 80 cm－3 m 50 cm
＝30 cm

4 몸의 일부의 길이가 짧을수록 재는 횟수가 많으므로 ㉡입니다.

5 성오의 한 걸음인 약 50 cm의 8걸음 정도면 약 400 cm이므로 약 4 m로 어림할 수 있습니다.

4 단원 시각과 시간

81쪽 쪽지시험 1회

1 4, 40 **2** 8, 15 **3** 6, 20
4 3, 34 **5** 12, 13

6 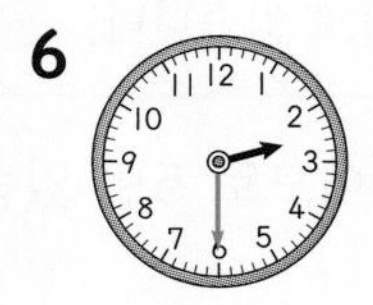 **7**  **8** 

9 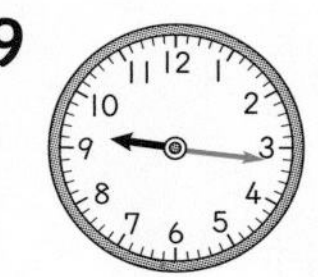 **10** 

9 16분은 3에서 작은 눈금으로 1칸 더 간 곳을 가리키는 긴바늘을 그립니다.

10 53분은 10에서 작은 눈금으로 3칸 더 간 곳을 가리키는 긴바늘을 그립니다.

82쪽 쪽지시험 2회

1 6, 55 ; 5 ; 7, 5 **2** 3, 5
3 4, 10 **4** 2, 15 **5** 4, 3

6 (선 잇기) **7**  **8** 

9 **10** 

5 3시 57분은 4시가 되기 3분 전의 시각과 같으므로 4시 3분 전입니다.

6 위 시계는 12시 45분이므로 1시 15분 전, 아래 시계는 9시 55분이므로 10시 5분 전입니다.

7 7시 50분이므로 10을 가리키는 긴바늘을 그립니다.

83쪽 쪽지시험 3회

1 1 **2** 60 **3** 3, 20 **4** 250
5 2, 23 **6** 1시 10분 20분 30분 40분 50분 2시 ; 60
7 55 **8** 40 **9** 1, 40 **10** 1, 45

6 시간 띠 1칸은 10분이므로 6칸이면 60분입니다.

9 11시 50분 $\xrightarrow{\text{1시간 후}}$ 12시 50분 $\xrightarrow{\text{40분 후}}$ 1시 30분

10 10시 20분 $\xrightarrow{\text{1시간 후}}$ 11시 20분 $\xrightarrow{\text{45분 후}}$ 12시 5분

84쪽 쪽지시험 4회

1 1, 4 **2** 78 **3** 27 **4** 5
5 12 1 2 3 4 5 6 7 8 9 10 11 12(시) / 1 2 3 4 5 6 7 8 9 10 11 12(시) ; 4
6 4번 **7** 화요일 **8** 8일
9 오후 ; 오전 **10** 30개

10 6월은 1일부터 30일까지 있으므로 매일 사과를 한 개씩 먹으면 6월에 먹은 사과는 모두 30개입니다.

85~87쪽 단원평가 1회

1 (위부터 시계 반대 방향으로) 55, 40, 20
2 7, 25
3 오전 ; 오후
4
5 4, 50 ; 10 ; 5, 10
6 90 ; 1, 15
7 ( )
(○)
( )
8
9 8시 10분 20분 30분 40분 50분 9시
10 50분
11 오전에 ○표, 8시
12 7시간
13

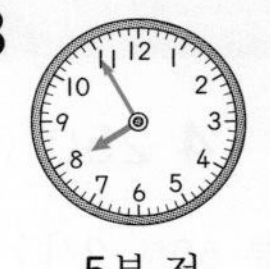

5분 전

5분 후

14 48 ; 1, 11
15 4번
16 월요일
17 12일
18 오후에 ○표, 8, 13
19 25분
20 9시간

7 1월: 31일, 2월: 28일(29일), 3월: 31일, 7월: 31일, 10월: 31일, 11월: 30일

12 오전 7시 $\xrightarrow{\text{5시간 후}}$ 낮 12시 $\xrightarrow{\text{2시간 후}}$ 오후 2시

14 • 1일=24시간이므로 2일=48시간입니다.
• 35시간=24시간+11시간=1일 11시간

15 4일, 11일, 18일, 25일이므로 4번 있습니다.

17 1주일은 7일이므로 식목일로부터 1주일 후는 5일+7일=12일입니다.

18 짧은바늘이 한 바퀴 돌면 12시간이 지난 후입니다.
오전 8시 13분 $\xrightarrow{\text{12시간 후}}$ 오후 8시 13분

19 긴바늘이 숫자 4에서 9로 5칸 움직였으므로 숙제를 하는 데 걸린 시간은 25분입니다.

20 오후 10시 $\xrightarrow{\text{2시간 후}}$ 밤 12시 $\xrightarrow{\text{7시간 후}}$ 오전 7시

88~90쪽 단원평가 2회

1 45분
2 2, 37
3
4

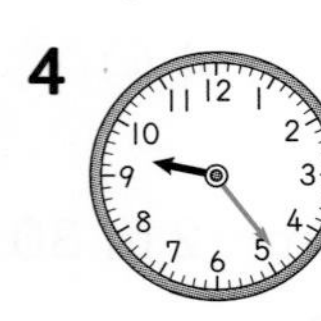

5 7, 15
6 ②
7 ㉠
8

9 오후 ; 오전
10 5시 13분
11

12 9시 10분 20분 30분 40분 50분 10시 ; 50분
13 ②
14 79 ; 33
15 5번
16 일요일
17 29일
18 6시 30분
19 75분
20 4시간

8

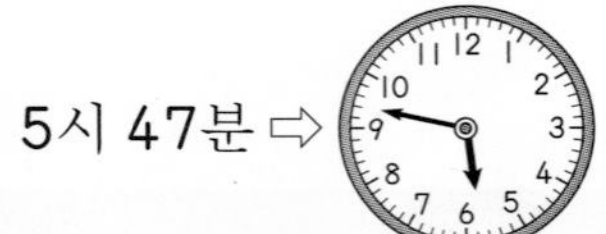

5시 47분 ⇨

14 • 3일 7시간=24시간+24시간+24시간+7시간
=79시간
• 2년 9개월=12개월+12개월+9개월=33개월

참고
1년, 2년, 3년을 일 년, 이 년, 삼 년으로 읽지만 1달, 2달, 3달은 한 달, 두 달, 세 달로 읽습니다.

15 3일, 10일, 17일, 24일, 31일이므로 5번 있습니다.

16 15일은 일요일입니다.

17 15일+14일=29일

18 7시의 30분 전은 6시 30분입니다.

19 4시 $\xrightarrow{\text{1시간 후}}$ 5시 $\xrightarrow{\text{15분 후}}$ 5시 15분
1시간 15분=60분+15분=75분

20 오전 11시 $\xrightarrow{\text{1시간 후}}$ 낮 12시 $\xrightarrow{\text{3시간 후}}$ 오후 3시
1시간+3시간=4시간

91~93쪽 단원평가 3회

1 (왼쪽부터) 10, 7, 45, 11
2 7, 57
3 3, 51 ; 4, 9
4 짧은, 3, 4, 긴, 3
5
6
7 ④
8 20
9 희애
10 25일
11 목요일
12 10시 10분 20분 30분 40분 50분 11시 10분 20분 30분 40분 50분 12시 ; 1시간 30분
13 
14 10, 31 ; 11, 10
15 1시간 15분
16 6시 55분
17 예 긴바늘이 가리키는 숫자 3을 그대로 3분이라고 읽었기 때문입니다. ; 9시 15분
18 7시 45분
19 2023년 6월
20 10시 40분

13 6시 50분 $\xrightarrow{\text{10분 후}}$ 7시 $\xrightarrow{\text{30분 후}}$ 7시 30분

14 10월은 31일까지 있으므로 10월 마지막 날은 31일입니다. ⇨ 영은 생일: 10월 31일
아인 생일: 10월 31일 $\xrightarrow{\text{10일 후}}$ 11월 10일

15 8시 55분 $\xrightarrow{\text{1시간 후}}$ 9시 55분 $\xrightarrow{\text{15분 후}}$ 10시 10분

16 짧은바늘이 6과 7 사이, 긴바늘이 11을 가리키므로 55분입니다.
⇨ 6시 55분

17 긴바늘이 3을 가리키면 15분입니다.
따라서 9시 15분입니다.

18 경기 시작: 6시
↓
전반전 경기 끝: 6시 45분
↓
후반전 경기 시작: 7시
↓
후반전 경기 끝: 7시 45분

19 2022년 5월 $\xrightarrow{\text{12개월 후}}$ 2023년 5월 $\xrightarrow{\text{1개월 후}}$ 2023년 6월

20 1교시 시작 2교시 시작
9시 10분 $\xrightarrow{\text{40분 후}}$ 9시 50분 $\xrightarrow{\text{10분 후}}$ 10시
↓ 40분 후
10시 40분

94~96쪽 단원평가 4회

1 분
2 1, 20
3 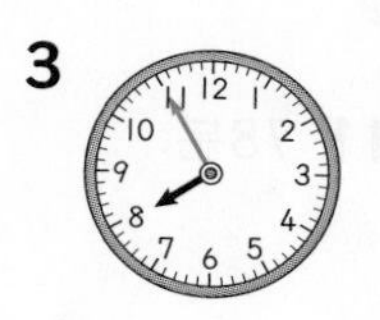
4
5 11, 57
6 ㉢
7 4
8 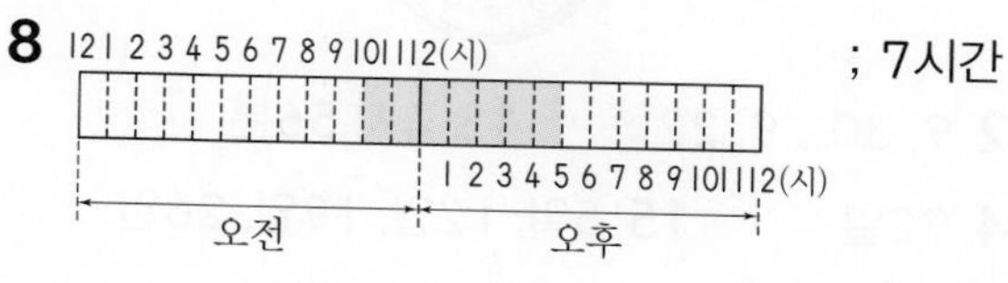

; 7시간
9 2, 5
10 5, 20
11 다예
12 12일
13 11시 20분
14 호태
15 13일
16 9시 25분
17 6일, 13일, 20일, 27일
18 6바퀴
19 14개월
20 예 1교시 시작: 9시, 1교시 끝: 9시 40분,
2교시 시작: 9시 50분,
2교시 끝: 10시 30분,
3교시 시작: 10시 50분
; 10시 50분

17 6일이 토요일이므로 6일부터 7일씩 더하면
6일+7일=13일, 13일+7일=20일,
20일+7일=27일이 토요일입니다.

18 짧은바늘이 숫자를 가리키는 한 칸을 움직이면 긴바늘은 한 바퀴 돕니다.
⇨ 짧은바늘이 3에서 9까지 가려면 긴바늘은 6바퀴 돕니다.

19 2023년 1월 1일부터 2023년 12월 31일까지는 12개월, 2024년 1월 1일부터 2024년 2월 29일까지는 2개월 ⇨ 12개월+2개월=14개월

97~99쪽 단원평가 5회

1 10, 7　2　3

4　5 158 ; 1, 35 ; 94

6 4시간

7 2시간 30분

8  

9 강호　10　11 78분

12 9, 30 ; 9, 22　13 4시 56분

14 92일　15 5일, 12일, 19일, 26일

16 9시

17 예 4시 45분 $\xrightarrow[\text{3시간 전}]{}$ 1시 45분 $\xrightarrow[\text{20분 전}]{}$ 1시 25분 ; 1시 25분

18 7시간 15분　19 11시 30분

20 예 오늘 오전 8시부터 오늘 오후 8시까지는 12시간입니다. 1시간에 5분씩 빨라지면 12시간에 60분이 빨라집니다. 따라서 이 시계가 가리키는 시각은 오후 9시입니다.
; 오후 9시

16 긴바늘이 한 바퀴를 돌면 1시간이 지난 것이므로 3바퀴를 돌면 3시간이 지난 것입니다. 따라서 오후 6시에서 3시간 후는 오후 9시입니다.

18 오전 9시 45분 $\xrightarrow[\text{15분 후}]{}$ 오전 10시 $\xrightarrow[\text{7시간 후}]{}$ 오후 5시

19 수업 시간과 쉬는 시간을 더하면 40분+10분=50분입니다.
9시 (1교시 시작) $\xrightarrow[\text{50분 후}]{}$ 9시 50분 (2교시 시작)
$\xrightarrow[\text{50분 후}]{}$ 10시 40분 (3교시 시작) $\xrightarrow[\text{50분 후}]{}$ 11시 30분 (4교시 시작)

100~101쪽 서술형 평가 ❶

1 ❶ 12개월　❷ 1년 6개월

2 ❶ 2시간　❷ 4시 30분

3 ❶ 2시 50분　❷ 3시

4 ❶ 1시간 40분　❷ 100분

1 ❷ 18개월=12개월+6개월
=1년+6개월
=1년 6개월

2 ❶ 긴바늘이 한 바퀴 도는 데 60분 걸리므로 두 바퀴 도는 데는 120분(=2시간)이 걸립니다.
❷ 오후 2시 30분 $\xrightarrow[\text{2시간 후}]{}$ 오후 4시 30분

3 ❶ 3시 10분 전 ⇨ 2시 50분
❷ 2시 50분 $\xrightarrow[\text{10분 후}]{}$ 3시

4 ❶ 7시 20분 $\xrightarrow[\text{40분 후}]{}$ 8시 $\xrightarrow[\text{1시간 후}]{}$ 9시
❷ 1시간 40분=1시간+40분
=60분+40분
=100분

102~103쪽 서술형 평가 ❷

1 예 9시 20분에서 50분 전의 시각을 구합니다.
9시 20분 $\xrightarrow[\text{20분 전}]{}$ 9시 $\xrightarrow[\text{30분 전}]{}$ 8시 30분
따라서 책을 읽기 시작한 시각은 8시 30분입니다.
; 8시 30분

2 예 같은 요일은 7일마다 반복됩니다.
11월에 월요일인 날짜를 모두 찾아보면 1일, 8일, 15일, 22일, 29일입니다.
따라서 11월에 스케이트를 타러 모두 5번 갔습니다.
; 5번

3 ⓔ 민기: 7시 20분 $\xrightarrow{\text{40분 후}}$ 8시 $\xrightarrow{\text{40분 후}}$ 8시 40분

민기가 수영을 한 시간은 80분이므로 1시간 20분입니다.

현서: 8시 45분 $\xrightarrow{\text{15분 후}}$ 9시 $\xrightarrow{\text{1시간 후}}$ 10시

현서가 수영을 한 시간은 1시간 15분입니다.

따라서 수영을 더 오래한 사람은 민기입니다.

; 민기

4 ⓔ 4월 첫째 일요일이 6일이므로 6일, 13일, 20일, 27일이 일요일입니다.

4월은 30일까지 있고, 4월 30일은 수요일이므로 5월 1일은 목요일입니다.

5월 1일, 8일, 15일, 22일, 29일이 목요일이므로 5월 21일은 수요일입니다.

; 수요일

104쪽 오답 베스트 5

1 목요일 2 2시 10분 전에 ○표

3 ㉡ 4 화요일 5 8월 25일

1 일주일마다 같은 요일이 반복됩니다. 따라서 2주일 전은 8월 31일과 같은 목요일입니다.

2 주어진 시계의 시각은 1시 50분입니다.
1시 50분은 2시가 되기 10분 전의 시각과 같습니다.

3 시계의 시각은 짧은바늘이 9와 10 사이, 긴바늘이 10을 가리키므로 9시 50분입니다.
9시 50분은 10시 10분 전과 같은 시각이고 10시가 되려면 10분이 더 지나야 합니다.

4 달력에서 같은 요일은 7일씩 반복되므로 10일에서 13일 후는 2주일 후의 전날인 23일입니다.
따라서 7월 23일은 화요일입니다.

5 신수의 생일은 8월의 마지막 날이므로 8월 31일입니다. 따라서 병호의 생일은 신수보다 6일 전이므로 8월 31일에서 6일 전은 8월 25일입니다.

5단원 표와 그래프

107쪽 쪽지시험 1회

1 햄버거 2 14명

3 5, 3, 4, 2, 14

4 좋아하는 계절별 학생 수

6		○		
5	○	○	○	
4	○	○	○	○
3	○	○	○	○
2	○	○	○	○
1	○	○	○	○
학생 수(명) / 계절	봄	여름	가을	겨울

5 계절

6 곰 7 토끼 8 12명

9 4, 3, 3, 2, 12

10 주호네 반 학생들이 좋아하는 동물별 학생 수

4	×			
3	×	×	×	
2	×	×	×	×
1	×	×	×	×
학생 수(명) / 동물	곰	낙타	토끼	얼룩말

4 아래에서부터 한 칸에 하나씩 ○로 표시합니다.

8 조사한 학생 수를 세어 보면 모두 12명입니다.

10 아래에서부터 한 칸에 하나씩 ×로 표시합니다.

108쪽 쪽지시험 2회

1 일주일 동안 읽은 종류별 책 수

3		○		
2		○	○	
1	○	○	○	○
책 수(권) / 종류	역사책	위인전	만화책	동화책

2 위인전 3 역사책, 동화책

4 2권 5 7권 6 8명

7 라 8 4, 3, 2, 3, 12

9 준민이네 모둠 학생들의 혈액형별 학생 수

4	○			
3	○	○		○
2	○	○	○	○
1	○	○	○	○
학생 수(명) / 혈액형	A형	B형	O형	AB형

10 크림빵

7 11>10>8>7이므로 가장 적은 학생들이 좋아하는 아이스크림은 라 아이스크림입니다.

10 크림빵을 좋아하는 학생이 4명으로 가장 많습니다.

109~111쪽 단원평가 1회

1 귤　2 준호, 영희

3 7, 5, 2, 18　4 5명　5 18명

6 유진이네 반 학생들이 좋아하는 과일별 학생 수

7	○			
6	○			
5	○		○	
4	○	○	○	
3	○	○	○	
2	○	○	○	○
1	○	○	○	○
학생 수(명) / 과일	사과	귤	포도	감

7 사과　8 노란색　9 동현, 재민

10 4, 4, 2, 2, 6, 18　11 18명

12 초록색　13 5, 3, 4　14 아래에 ○표

15 2명　16 사과 주스　17 ㉡

18 7명　19 3명

20 휘상이네 반 학생들이 좋아하는 음식별 학생 수

8				/	
7		/		/	
6		/	/	/	
5	/	/	/	/	
4	/	/	/	/	
3	/	/	/	/	/
2	/	/	/	/	/
1	/	/	/	/	/
학생 수(명) / 음식	짜장면	햄버거	피자	통닭	라면

5 3번 표의 합계를 보면 조사한 학생은 모두 18명입니다.

6 사과는 7개, 귤은 4개, 포도는 5개, 감은 2개의 ○로 표시합니다.

7 ○의 수가 가장 많은 사과입니다.

10 각 색깔별로 ○, ×, / 등의 표시를 하면서 세어 봅니다. ⇨ 합계: $4+4+2+2+6=18$(명)

12 초록색을 좋아하는 학생이 6명으로 가장 많습니다.

13 좋아하는 동물별 학생 수를 세어 표에 나타냅니다.

14 가장 많은 학생들이 좋아하는 동물을 알아보기 쉬운 것은 그래프입니다.

15 포도 주스는 ○가 2개이므로 2명입니다.

17 ㉠, ㉢은 그래프를 보고 알 수 있는 내용이 아닙니다.

18 햄버거를 제외한 나머지 음식을 좋아하는 학생 수: $5+6+8+3=22$(명)

⇨ 햄버거를 좋아하는 학생 수: $29-22=7$(명)

19 피자: 6명, 라면: 3명 ⇨ $6-3=3$(명)

20 좋아하는 음식별 학생 수만큼 아래에서부터 한 칸에 하나씩 /으로 표시합니다.

112~114쪽 단원평가 2회

1 여름　2 15명　3 5명

4 영식, 은실, 재석　5 5, 3, 3, 4, 15

6 축구　7 경미, 형빈, 서연, 은진

8 9, 5, 6, 4, 24　9 5명

10 축구　11 30명　12 선물

13 2반 학생들이 받고 싶은 선물별 학생 수

9			○	
8	○		○	
7	○		○	○
6	○	○	○	○
5	○	○	○	○
4	○	○	○	○
3	○	○	○	○
2	○	○	○	○
1	○	○	○	○
학생 수(명) / 선물	게임기	책	인형	로봇

14 인형　15 책　16 장미

17 5, 8, 4, 7, 24

18 윤정이네 반 학생들이 좋아하는 꽃별 학생 수

8		×		
7		×		×
6		×		×
5	×	×		×
4	×	×	×	×
3	×	×	×	×
2	×	×	×	×
1	×	×	×	×
학생 수(명) / 꽃	장미	국화	채송화	튤립

19 ②, ③

20 2명

3 준호, 소라, 민준, 유미, 정숙 ⇨ 5명

4 가을을 좋아하는 학생은 영식, 은실, 재석입니다.

5 봄: 5명, 여름: 3명, 가을: 3명, 겨울: 4명

7 줄넘기를 좋아하는 학생은 경미, 형빈, 서연, 은진입니다.

9 **8**번의 표를 보면 태권도를 좋아하는 학생은 5명입니다.

10 축구를 좋아하는 학생이 9명으로 가장 많습니다.

11 $8+6+9+7=30$(명)

14 ◯의 수가 가장 많은 인형입니다.

15 ◯의 수가 가장 적은 책입니다.

17 좋아하는 꽃별 학생 수를 세어 표의 빈칸에 써넣습니다.

18 장미는 5개, 국화는 8개, 채송화는 4개, 튤립은 7개의 ×로 표시합니다.

19 ① 채송화 ④ 국화 ⑤ 7명

20 튤립을 좋아하는 학생 수: 7명,
장미를 좋아하는 학생 수: 5명
⇨ $7-5=2$(명)

115~117쪽 단원평가 3회

1 포도

2 새롬, 현주, 경민

3 6, 4, 3, 2, 15

4 15명

5 수박

6 4, 2, 3, 1, 10

7 선진이네 모둠 학생들이 좋아하는 채소별 학생 수

4	◯			
3	◯		◯	
2	◯	◯	◯	
1	◯	◯	◯	◯
학생 수(명) / 채소	호박	당근	오이	가지

8 ◯

9 26명

10 3반 학생들이 배우고 싶은 악기별 학생 수

8			◯	
7	◯		◯	
6	◯		◯	◯
5	◯	◯	◯	◯
4	◯	◯	◯	◯
3	◯	◯	◯	◯
2	◯	◯	◯	◯
1	◯	◯	◯	◯
학생 수(명) / 악기	오카리나	리코더	피아노	우쿨렐레

11 피아노

12 3명

13 3권

14 위인전

15 ㉡

16 9명

17 7명

18 미국

19 예 가로에 학생 수를 8명까지 나타내야 하는데 6명까지밖에 없습니다.

20 3반 학생들이 키우고 싶은 애완동물별 학생 수

강아지	◯	◯	◯	◯	◯	◯	◯	◯
고양이	◯	◯	◯	◯	◯	◯		
햄스터	◯	◯	◯	◯	◯	◯	◯	
거북	◯	◯	◯	◯	◯			
애완동물 / 학생 수(명)	1	2	3	4	5	6	7	8

5 수박을 좋아하는 학생이 6명으로 가장 많습니다.

6 두 번 세거나 빠뜨리지 않게 채소별로 다른 표시를 하면서 셉니다.

9 $7+5+8+6=26$(명)

11 ◯의 수가 가장 많은 피아노입니다.

12 피아노: 8명, 리코더: 5명 ⇨ $8-5=3$(명)

15 ㉡은 표를 보고 알 수 있는 내용이 아닙니다.

16 독일: 5명, 영국: 4명 ⇨ $5+4=9$(명)

17 스위스에 가고 싶은 학생이 독일에 가고 싶은 학생보다 1명 더 많으므로 5+1=6(명)입니다.
⇨ 미국에 가고 싶은 학생 수:
28−6−5−6−4=7(명)

118~120쪽 단원평가 4회

1 6, 5, 2, 1, 3, 17 **2** 5개
3 9명 **4** 떡볶이, 6명 **5** 2명
6 영범이네 반 학생들이 좋아하는 간식별 학생 수

9			×	
8		×	×	
7	×	×	×	
6	×	×	×	×
5	×	×	×	×
4	×	×	×	×
3	×	×	×	×
2	×	×	×	×
1	×	×	×	×
학생 수(명) / 간식	피자	치킨	김밥	떡볶이

7 간식
8 재연이네 반 학생들이 태어난 계절별 학생 수

겨울	○	○	○	○			
가을	○	○	○	○	○	○	○
여름	○	○	○	○			
봄	○	○	○				
계절 / 학생 수(명)	1	2	3	4	5	6	7

9 가을 **10** 3명
11 3반 학생들이 좋아하는 동물별 학생 수

6				○
5		○		○
4		○	○	○
3	○	○	○	○
2	○	○	○	○
1	○	○	○	○
학생 수(명) / 동물	코끼리	원숭이	기린	호랑이

12 호랑이 **13** 18명 **14** 표
15 생수 **16** 3명
17 준수네 반 학생들이 좋아하는 음료수별 학생 수

8	○			
7	○			○
6	○		○	○
5	○		○	○
4	○	○	○	○
3	○	○	○	○
2	○	○	○	○
1	○	○	○	○
학생 수(명) / 음료수	주스	생수	식혜	우유

18 4권 **19** 현우
20 예 유림이네 모둠 학생들이 일주일 동안 읽은 책의 수는 4+2+5+3=14(권)입니다.
따라서 21>14이므로 지현이네 모둠 학생들이 일주일 동안 읽은 책의 수가
21−14=7(권) 더 많습니다.
; 지현이네 모둠, 7권

2 지우개: 6개, 자: 1개
6−1=5이므로 지우개가 자보다 5개 더 많습니다.
3 피자, 치킨, 떡볶이를 좋아하는 학생 수 :
7+8+6=21(명)
⇨ 김밥을 좋아하는 학생 수: 30−21=9(명)
4 떡볶이를 좋아하는 학생이 6명으로 가장 적습니다.
5 치킨: 8명, 떡볶이: 6명 ⇨ 8−6=2(명)
9 ○의 수가 가장 많은 가을입니다.
10 가을: 7명, 겨울: 4명 ⇨ 7−4=3(명)
13 3+5+4+6=18(명)
15 생수를 좋아하는 학생이 4명으로 가장 적습니다.
16 우유: 7명, 생수: 4명 ⇨ 7−4=3(명)
19 2권을 읽은 현우입니다.

121~123쪽 단원평가 5회

1 장미 **2** 성한, 수지, 정아
3 15명 **4** 3, 6, 4, 2, 15
5 7명

6 1반 학생들이 좋아하는 케이크별 학생 수

7		○		
6	○	○		
5	○	○		○
4	○	○		○
3	○	○	○	○
2	○	○	○	○
1	○	○	○	○
학생 수(명) / 케이크	생크림	치즈	고구마	초콜릿

7 아연 **8** 윤호, 철우, 인경, 연주 **9** 겨울

10 6, 4, 8, 6, 24 **11** 4권 **12** 종류

13 한 달 동안 읽은 종류별 책 수

역사책	○	○	○	○		
동화책	○	○	○			
만화책	○	○	○	○	○	
동시집	○	○	○	○	○	○
과학책	○	○				
종류 / 책 수(권)	1	2	3	4	5	6

14 만화책, 동시집 **15** ㉡ **16** 18명

17 예 배구와 농구를 좋아하는 학생은
18－3－6＝9(명)입니다.
배구를 좋아하는 학생을 □명이라 하면
농구를 좋아하는 학생은 (□＋1)명입니다.
□＋□＋1＝9, □＋□＝8, □＝4
따라서 배구를 좋아하는 학생은 4명, 농구를 좋아하는 학생은 5명입니다. ; 5명

18 수영이네 반 학생들이 좋아하는 운동별 학생 수

6		○		
5		○		○
4		○	○	○
3	○	○	○	○
2	○	○	○	○
1	○	○	○	○
학생 수(명) / 운동	축구	야구	배구	농구

19 야구, 농구, 배구, 축구

20 예 가장 많은 학생들이 좋아하는 운동을 한눈에 알기 편리합니다.

5 21－6－3－5＝7(명)

7 가장 많은 학생들이 좋아하는 케이크는 치즈 케이크입니다.

9 성근이를 뺀 좋아하는 계절별 학생 수가 봄은 6명, 여름은 4명, 가을은 8명, 겨울은 5명이고, 여름을 좋아하는 학생은 4명이므로 성근이가 좋아하는 계절이 겨울이어야 봄을 좋아하는 학생 수와 같아집니다.

11 가장 많이 읽은 책: 동시집, 6권
가장 적게 읽은 책: 과학책, 2권
⇨ 6－2＝4(권)

13 왼쪽에서부터 한 칸에 하나씩 ○로 표시합니다.

14 ○의 수가 4권보다 많은 책은 만화책, 동시집입니다.

15 ㉡ 주원이가 가장 좋아하는 책을 알 수는 없습니다.

19 그래프에서 ○의 수가 많은 운동부터 차례대로 씁니다.

20 '좋아하는 학생 수가 가장 적은 운동을 한눈에 알기 편리하다.'라고 써도 됩니다.

124~125쪽 서술형 평가 ①

1 ❶ 5명, 6명, 4명, 7명, 8명 ❷ 30명
❸ 5, 6, 4, 7, 8, 30 ❹ 소시지에 ○표

2 ❶ 7, 5, 9, 3, 24
❷ 승진이네 반 학생들이 좋아하는 간식별 학생 수

9			○	
8			○	
7	○		○	
6	○		○	
5	○	○	○	
4	○	○	○	
3	○	○	○	○
2	○	○	○	○
1	○	○	○	○
학생 수(명) / 간식	떡볶이	순대	피자	햄버거

1 ❷ 조사한 학생 수를 세어 보면 모두 30명입니다.
❹ 소시지를 좋아하는 학생이 8명으로 가장 많습니다.

126~127쪽 서술형 평가 ❷

1 예 파랑을 좋아하는 학생 수는

28−9−8−6=5(명)입니다.

가장 많은 학생들이 좋아하는 색깔은 빨강이고 9명입니다. 가장 적은 학생들이 좋아하는 색깔은 파랑이고 5명입니다.

따라서 학생 수의 차는 9−5=4(명)입니다.

; 4명

2 예 짬뽕을 좋아하는 학생 수를 □명이라 하면 탕수육을 좋아하는 학생 수는 (□+2)명입니다.

□+□+2=10, □+□=8, □=4

따라서 짬뽕을 좋아하는 학생은 4명, 탕수육을 좋아하는 학생은 6명입니다.

; 6명

128쪽 오답 베스트 5

1 8에 ○표 **2** ㉡ **3** 3명

4 9명 **5** ㉡

1 (A형인 학생 수)

=(반 전체 학생 수)−(B형인 학생 수)

−(O형인 학생 수)−(AB형인 학생 수)

=20−7−3−2=8(명)

2 ㉠ 그래프에서 하영이의 ○의 수를 세어 보면 3개이므로 하영이는 3권 읽었습니다.

㉡ 조사한 학생은 모두 5명입니다.

㉢ 규종: 6권, 민서: 4권

규종이는 민서보다 6−4=2(권) 더 많이 읽었습니다.

3 표에서 찾으면 주스를 좋아하는 학생은 3명입니다.

4 봄: 2명, 여름: 1명, 가을: 2명, 겨울: 4명

⇨ 2+1+2+4=9(명)

5 ㉠ 민우가 좋아하는 과일은 그래프를 보고 알 수 없습니다.

㉡ ×의 수가 가장 많은 과일을 찾아보면 딸기입니다.

6 단원 규칙 찾기

131쪽 쪽지시험 1회

1 △ **2** ◇

3 □, ○, △, □ **4** 2, 3, 1, 2, 3, 1, 2, 3

5 (점이 오른쪽 위에 있는 □) **6** 2, 1

7 (위부터) ○, □ ; □, □, □, □

8

0	1	0	1	1	0	1	1
1	0	1	1	1	1	0	1
1	1	1	1	0	1	1	1

9 예 0, 1이 반복되고, 1은 한 개씩 늘어납니다.

10 2, 1

1 □, △, ○가 반복되므로 빈칸은 △입니다.

2 △, ♡, ◇가 반복되므로 빈칸은 ◇입니다.

5 점이 시계 반대 방향으로 돌아가고 있습니다.

132쪽 쪽지시험 2회

1 (위부터) 3 ; 4 ; 5, 7 ; 6, 8, 9 **2** 1 **3** 1

4 예 ↘ 방향으로 갈수록 2씩 커지는 규칙이 있습니다.

5 (위부터) 9 ; 9, 10 ; 9, 10, 11

6 (위부터) 12, 16, 20, 24 ; 15, 20, 25, 30

7 예 오른쪽으로 갈수록 3씩 커지는 규칙이 있습니다.

8 예 아래로 내려갈수록 2씩 커지는 규칙이 있습니다.

9 세로줄 6, 12, 18, 24, 30, 36에 색칠

10 예 7씩 커지는 규칙이 있습니다.

133~135쪽 단원평가 1회

1 (위부터) 노랑 ; 빨강, 노랑, 파랑

2 (위부터) 1, 3 ; 5, 1, 3, 5, 1, 3, 5

3 (시계 방향으로) 초록, 빨강, 파랑, 빨강

4 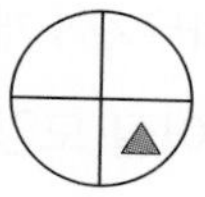

5 (위부터) 4, 5, 6, 7 ; 5, 6, 7, 8

6 1

7 예 ↘ 방향으로 갈수록 2씩 커지는 규칙이 있습니다.

8 4

9 32

10 (위부터) ㅇ, ㅈ, ㅅ

11 12, 13

12 (위부터) 7, 8, 10

13 (위부터) 15, 12

14 (위부터) 28, 35

15 ◍, ▲, ◍ ; 예 ◍, ▲가 반복됩니다.

16 □, ◍, ▲ ; 예 ▲, □, ◍가 반복됩니다.

17 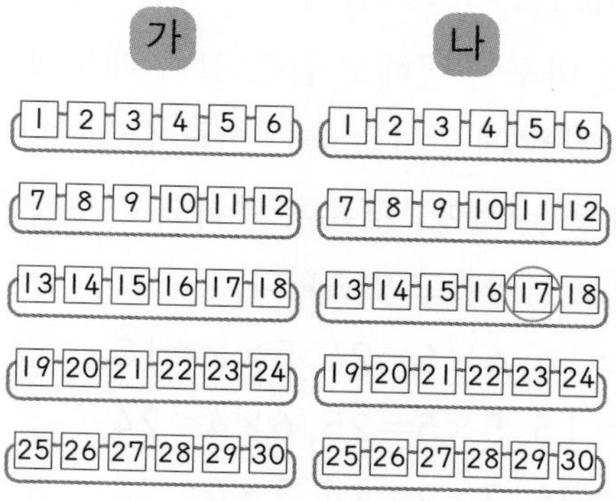

; 예 가 구역에서는 뒤로 갈수록 6씩 커지는 규칙이 있습니다.

18 5개

19 예 7씩 커지는 규칙이 있습니다.

20 예 모든 요일은 7일마다 반복됩니다.

1 빨강, 노랑, 파랑이 반복됩니다.

2 1, 3, 5가 반복됩니다.

3 파랑, 빨강, 초록이 반복됩니다.

4 ▲가 있는 부분이 시계 방향으로 돌아가고 있습니다.

9 $4 \times 8 = 32$, $8 \times 4 = 32$

10 ㅅ, ㅇ, ㅈ이 반복됩니다.

13 10 − □ − 20은 5씩 커지는 규칙이고 □ − 18 − 24는 6씩 커지는 규칙입니다.

14 20 − 24 − □는 4씩 커지는 규칙이고 30 − □는 5씩 커지는 규칙입니다.

18 쌓기나무가 1개씩 늘어나는 규칙입니다. 따라서 빈칸에 들어갈 쌓기나무는 5개입니다.

19 1, 8, 15, 22, 29는 7씩 커지는 규칙이 있습니다.

136~138쪽 단원평가 2회

1 예 ●, ◍, ○가 반복됩니다.

2 ●, ◍, ○, ●

3 (위부터) ◇ ; ◇, ♡ ; ◇, ♡, ○ ; ◇, ♡, ○, ◇

4 파랑, 분홍, 초록

5

1	2	3	4	1	2	3
4	1	2	3	4	1	2
3	4	1	2	3	4	1
2	3	4	1	2	3	4

6 

7 4, 2

8 (위부터) 1 ; 4 ; 4 ; 3, 6

9 2

10 세로줄 2, 4, 6, 8, 10에 색칠

11 예 오른쪽으로 갈수록 4씩 커지는 규칙이 있습니다.

12 예 만나는 수는 서로 같습니다.

13 (위부터) 21 ; 15, 45 ; 35 ; 63

14 7일

15 1

16 (위부터) 8, 11, 12

17 (위부터) 14, 15, 18

18 1

19 ♡

20 10개

3 ◇, ♡, ○가 반복됩니다.

4 빨강, 파랑, 분홍, 초록이 반복됩니다.

5 1, 2, 3, 4가 반복됩니다.

6 점이 시계 반대 방향으로 돌아가고 있습니다.

8 $0+1=1$, $1+3=4$, $2+2=4$, $3+0=3$, $3+3=6$

13 $3 \times 7 = 21$, $5 \times 3 = 15$, $5 \times 9 = 45$, $7 \times 5 = 35$, $9 \times 7 = 63$

14 목요일은 2일, 9일, 16일, 23일, 30일로 7일마다 반복됩니다.

15 12, 13, 14, 15, 16, 17, 18은 1씩 커지는 규칙입니다.

17 덧셈표에서는 오른쪽으로 1씩 커지고 아래로 1씩 커지는 규칙이 있습니다.

18 ◇, ♡가 반복되면서 ♡는 1개씩 늘어나는 규칙입니다.

19 ◇ ♡ ◇ ◇ ♡♡ ◇ ♡♡♡ ◇ ♡♡♡[♡]

1개 1개 1개 2개 1개 3개 1개 4개

20 1층으로 쌓은 모양: 1개

2층으로 쌓은 모양: $1+2=3$(개)

3층으로 쌓은 모양: $1+2+3=6$(개)

4층으로 쌓은 모양: $1+2+3+4=10$(개)

139~141쪽 단원평가 3회

1 ▨, ○ ; 예 ○, ▨가 반복됩니다.

2 ▨, △ ; 예 △, ◎, ▨가 반복됩니다.

3 (위부터) ♥, ● ; ●, ★, ♥, ●

4

1	2	3	1	2	3	1	2	3
1	2	3	1	2	3	1	2	3
1	2	3	1	2	3	1	2	3

5 

6 1 **7** 7개

8 (위부터) 6, 11, 20, 31

9 (위부터) 8, 9, 10 ; 8, 9, 10, 11 ; 8, 9, 10, 11, 12

10 예 오른쪽으로 갈수록 1씩 커지는 규칙입니다.

11 예 1부터 시작하여 1씩 커지는 규칙이 있습니다.

12 예 7씩 커지는 규칙이 있습니다.

13 $4\times8=32$(또는 $8\times4=32$)

14

15 노랑 노랑 빨강, 

16 (위부터) 5, 7, 9 ; 7 ; 9, 16, 18 ; 11, 18, 20

17 예 ↘ 방향으로 갈수록 4씩 커지는 규칙이 있습니다.

18 (위부터) 16, 24 ; 10, 15, 25 ; 24, 36 ; 14, 28, 35 ; 24, 40

19 예 오른쪽으로 갈수록 1씩 커지는 규칙이 있습니다.

20 예 왼쪽에 있는 쌓기나무 위에 쌓기나무가 1개씩 늘어나는 규칙이므로 다음에 이어질 모양에 쌓을 쌓기나무는 5개입니다. ; 5개

3 ★, ♥, ●가 반복됩니다.

5 색깔이 시계 반대 방향으로 한 칸씩 돌아가고 있습니다.

7 세 번째 모양이 6개이고 1개씩 늘어나는 규칙이 있으므로 네 번째 모양은 7개입니다.

10 3, 4, 5, 6, 7, 8, 9는 1씩 커지는 규칙입니다.

12 7단 곱셈구구이므로 곱이 7씩 커집니다.

13 두 수를 바꾸어 곱해도 곱은 같기 때문에 점선을 따라 접었을 때 만나는 수는 서로 같습니다.

15 가운데 ○는 빨강, 초록이 반복되고 노랑은 시계 방향으로 돌아가고 있습니다.

18 $4\times4=16$, $4\times6=24$, $5\times2=10$, $5\times3=15$, $5\times5=25$, $6\times4=24$, $6\times6=36$, $7\times2=14$, $7\times4=28$, $7\times5=35$, $8\times3=24$, $8\times5=40$

142~144쪽 단원평가 4회

1

2 (위부터) ×, −, + ; −, +, ×

3

1	2	3	1	2	3	1
2	3	1	2	3	1	2
3	1	2	3	1	2	3
1	2	3	1	2	3	1

4

보라	
초록	빨강

5 ( )(○)

6 (위부터) 30, 35 ; 30, 42 ; 35, 42 ; 48, 56

7 8

8 (위부터) 18, 20 ; 16, 18, 22 ; 22, 24 ; 20, 22, 26

9 예 오른쪽으로 갈수록 2씩 커지는 규칙이 있습니다.

10 48, 54 **11** (위부터) 56, 54

12 예 아래로 내려갈수록 1씩 작아지는 규칙이 있습니다.

13 △ □ ▽ ○

14

×	5	6	7	8	9
5					
6				48	
7					㉡
8		㉠			
9			63		

15 예 전주행 버스는 1시간 30분마다 출발합니다.

16 10개 **17** ◇

18 다열, 여덟째 **19** 41번

20 예 쌓기나무의 수가 1개, 2개, 3개, 4개이므로 1개씩 늘어나는 규칙입니다. 따라서 바로 다음에 이어질 모양에 쌓을 쌓기나무는 모두 5개입니다. ; 5개

4 색깔이 시계 반대 방향으로 한 칸씩 돌아가고 있습니다.

8 $7+11=18$, $7+13=20$, $9+7=16$, $9+9=18$, $9+13=22$, $11+11=22$, $11+13=24$, $13+7=20$, $13+9=22$, $13+13=26$

13 왼쪽 삼각형 2개는 그대로이고 오른쪽 ○, □는 위아래로 번갈아가며 그리는 규칙이 있습니다.

14 ㉠은 8×6이므로 점선을 따라 접으면 6×8과 만나고 $6\times8=48$입니다. ㉡은 7×9이므로 점선을 따라 접으면 9×7과 만나고 $9\times7=63$입니다.

16 규칙에 따라 쌓아 보면 빈칸에 들어갈 모양은 오른쪽 그림과 같으므로 필요한 쌓기나무는 10개입니다.

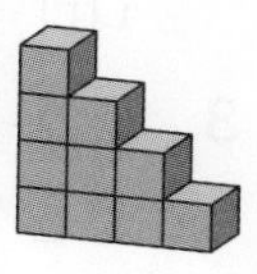

17 ◇, ◇, ♡, □, □가 반복됩니다.
$5+5+5=15$이므로 5개씩 3번 반복되고 17번째에 ◇가 놓입니다.

18 다열 첫째 자리가 25번이고 의자 번호는 오른쪽으로 갈수록 1씩 커지므로 32번은 다열 여덟째 자리입니다.

19 라열 첫째 자리: 37번
⇨ 라열 다섯째 자리: 41번

145~147쪽 단원평가 5회

1 예 검은색 구슬과 흰색 구슬이 반복되고 흰색 구슬이 1개씩 늘어나고 있습니다.

2 흰색 **3**

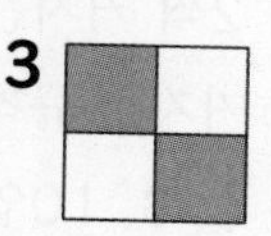

4 예 8씩 커지는 규칙이 있습니다.

5 예 (위부터) ○, □ ; △, ○, ○

6

4	3	1	1	4	3	1
1	4	3	1	1	4	3
1	1	4	3	1	1	4
3	1	1	4	3	1	1

7 (위부터) 7, 8, 9 ; 14 ; 16

8 예 쌓기나무가 2개씩 늘어나고 있습니다.

9 11개 **10** (위부터) 35, 48, 36

11 ▲▲▲▲▲
▲▲▲▲▲

12 (위부터) 5, 7, 9 ; 6 ; 8, 13, 17 ; 10, 13, 19

13 예 오른쪽으로 갈수록 2씩 커지는 규칙이 있습니다.

14 ⇩, ⇧ **15** 30개

16 규칙1 예 가 섬으로 가는 배는 1시간마다 출발합니다.
규칙2 예 나 섬으로 가는 배는 1시간 30분마다 출발합니다.

17 예 ㉠$=5+6=11$, ㉡$=6+3=9$, ㉢$=7+5=12$입니다.
가장 큰 수는 12이고 가장 작은 수는 9이므로 두 수의 합은 $12+9=21$입니다. ; 21

18 다열, 열두째 **19** 42번

20 예 ㉠$=3\times7=21$, ㉡$=5\times4=20$, ㉢$=6\times5=30$입니다.
가장 큰 수는 30이고 가장 작은 수는 20이므로 두 수의 합은 $30+20=50$입니다. ; 50

4 8단 곱셈구구는 곱이 8씩 커지는 규칙이 있습니다.

9 세 번째 모양은 9개이므로 네 번째 모양은 11개입니다.

12 오른쪽으로 갈수록 2씩 커지는 규칙이므로 더하는 수는 3에서 2씩 커지는 5, 7, 9이고 아래로 내려갈수록 2씩 커지는 규칙이므로 더하는 수는 4에서 2씩 커지는 6, 8, 10입니다.

14 화살표가 가리키는 방향이 위, 왼쪽, 아래, 오른쪽이 반복됩니다.

15 1층으로 쌓은 모양: 2개
2층으로 쌓은 모양: $2+4=6$(개)
3층으로 쌓은 모양: $2+4+6=12$(개)
4층으로 쌓은 모양: $2+4+6+8=20$(개)
5층으로 쌓은 모양: $2+4+6+8+10=30$(개)

19 라열 첫째가 36번이므로 라열 일곱째는 42번입니다.

148~149쪽 서술형 평가 ①

1 ❶ 귤, 포도, 바나나, 사과 ❷ 사과

2 ❶

○	△	△	□	○	△	△
□	○	△	△	□	○	△
△	□	○	△	△	□	○
△	△	□	○	△	△	□

❷ ○, △, △, □가 반복됩니다.

3 ❶ 예 쌓기나무가 4개, 5개씩 반복됩니다.
❷ 4개

4 ❶ 5 ❷ 25, 30

1 ❷ 바나나 다음은 사과입니다.

3 ❷ (쌓기나무 그림) 모양이므로 4개입니다.

4 ❶ 오른쪽으로 갈수록 5씩 커지는 규칙이 있습니다.
❷ ㉠$=20+5=25$, ㉡$=25+5=30$

150~151쪽 서술형 평가 ②

1 예 도토리, 나뭇잎, 다람쥐, 버섯이 반복됩니다.
빈칸에 알맞은 것은 도토리입니다. ; 도토리

2 예 오른쪽으로 갈수록 2씩 커지고 아래로 내려갈수록 2씩 커지는 규칙이 있습니다.

3 예 위에서 첫 번째 줄에서 오른쪽으로 갈수록 4씩 커지는 규칙이 있으므로 16, 20, 24, 28, 32에서 ㉠$=32$입니다.
오른쪽에서 첫 번째 줄에서 아래쪽으로 내려갈수록 8씩 커지는 규칙이 있으므로 32, 40, 48, 56, 64에서 ㉡$=64$입니다.
따라서 ㉠+㉡$=32+64=96$입니다. ; 96

4 규칙1 예 오른쪽으로 갈수록 1씩 커집니다.
규칙2 예 아래로 내려갈수록 3씩 작아집니다.

152쪽 오답 베스트 5

1 18번 **2** ★에 ○표 **3** 6개
4 10개 **5** 7, 13

1 1열에 다섯 자리씩 있으므로 같은 줄에서 아래로 1칸씩 갈 때마다 5씩 커집니다.
따라서 현수의 자리는 3, 8, 13, 18이므로 18번입니다.

2 ●, ★이 반복되고 ★이 1개씩 늘어나는 규칙입니다.

3 쌓기나무가 1개씩 늘어나는 규칙이므로 네 번째에 쌓을 쌓기나무는 $5+1=6$(개)입니다.

4 쌓기나무가 위에서부터 1개, 2개, 3개, ...로 아래로 내려가면서 1개씩 늘어나는 규칙입니다.
따라서 4층으로 쌓으려면 쌓기나무는 모두 $4+3+2+1=10$(개) 필요합니다.

5

+	4	6	8
5	9	11	13
㉠	11	㉡	15
9	13	15	17

㉠$+4=11$에서 ㉠$=7$,
㉡$=7+6=13$입니다.

정답은
이 안에
있어!

주의 책 모서리에 다칠 수 있으니 주의하시기 바랍니다.
부주의로 인한 사고의 경우 책임지지 않습니다.

초등학교	학년	반	번
이름			